JOANNE GLINKA

BYE BYE, TOXIC LEADER

WAS, WENN DER TRAUMJOB ZUM ALBTRAUM WIRD?

INHALT

MOIN ZUSAMMEN

Fängt man so ein Vorwort an? Ehrlich gesagt habe ich keine Ahnung, denn bei den wenigen Büchern, die ich je gelesen habe, habe ich das Vorwort immer übersprungen. Shame on me, aber Ehrlichkeit währt am längsten.

Bye Bye, Toxic Leader ist ein Buch, von dem ich nie gedacht hätte, dass ich es jemals schreiben werde. Okay, ich hätte auch nicht gedacht, dass ich überhaupt mal ein Buch schreiben werde. WOW – was ein Plot Twist.

Vielleicht erinnern sich ja einige von euch an diese eine, sehr lange, super klein geschriebene (sorry noch mal dafür) Instagram-Story im Mai 2023. Der Tag, an dem ich öffentlich darüber sprach, was die Monate zuvor in meinem (Arbeits-)Leben abseits von Social Media so abgegangen war, nämlich vieles. Viel Schlechtes vor allem. So schlecht, dass ich für eine kurze Zeit mein ganzes Dasein hinterfragt habe, meine Fähigkeiten – einfach mich selbst. Darüber zu sprechen war eine so unfassbare Erleichterung, wobei ich aber auch ein wenig Schiss hatte, diese ganze „toxische Führungskräfte/Arbeitgebende“-Sache überhaupt öffentlich zu machen.

Das Feedback darauf war aber so unfassbar positiv und verständnisvoll. Immer noch erreichen mich fast täglich Nachrichten von Menschen, die mir ihre Geschichte aus ihrem ehemaligen oder noch aktuellen Job mitteilen. Ich hätte niemals gedacht, dass dieses Thema so viele betrifft. Irgendwie hat sich dadurch ein Gefühl von „Ich bin nicht alleine“ in mir ausgebreitet. Gleichzeitig aber auch ein Gefühl von Traurigkeit darüber, dass es überhaupt so viele betreffen muss. Unabhängig davon, wie alt man ist oder in welcher Branche man arbeitet.

„Boah Joi, du könntest über diese Story sicher ein Buch schreiben!“, war eine der Nachrichten, die auf meine Instagram-Story reinflatterte, und mit dieser nahm dann auch alles ihren Lauf. Jetzt sitze ich hier und schreibe das Vorwort. Wild.

Was euch erwartet? Hoffentlich bodenlos guter Mehrwert und vor allem die Chance, andere Blickwinkel einzunehmen, sowohl von Führungskräften als auch von Mitarbeitenden – und sich über viele Dinge bewusst zu werden. Vielleicht regt dieses Buch zum Nachdenken an, stützt eure Ansichten, vielleicht formt es aber auch neue, gibt euch Mut und hilft euch auf eurem persönlichen Weg. Vielleicht schafft es auch einen Raum für einen konstruktiven Austausch, ohne alles und jeden über einen Kamm zu scheren und in Schubladen zu stecken. So oder so, ich hoffe, ihr habt Spaß beim Lesen und könnt am Ende etwas für euch mitnehmen, und sei diese Sache noch so klein.

Jetzt habe ich lange genug um den heißen Brei rumgelabert. Fangen wir doch einfach mal ganz von vorne an. Meine persönliche Geschichte – „vom Traumjob zum Albtraum".

Also, here we go.

ALLES AUF ANFANG

Sonntag, 13:48 Uhr. Eigentlich war es bisher ein schönes Wochenende, doch meine Gedanken kreisen zwischen dem, was war, und dem, was kommt. Dabei ist gerade erst Sonntagmittag. Doch warum denke ich jetzt schon an den Montag und an das Gefühl, den Arbeitslaptop aufklappen zu müssen?

Ich lasse mir die Sonne ins Gesicht scheinen. Eben erinnerte ich mich daran, wie glücklich es mich gemacht hatte, gestern seit langer Zeit mal wieder meine Freundinnen gesehen zu haben – und jetzt? Jetzt sitze ich auf meinem Balkon, trinke meinen Iced Coffee, schaue in den blauen Himmel, beobachte das eine oder andere Flugzeug ganz weit oben am Himmel und verfolge es, bis es nicht mehr zu erkennen ist. Ich fühle mich eigentlich entspannt und wohl. Also, warum denke ich jetzt wieder an den Montag und meinen Arbeitslaptop? Ich versuche, die Gedanken zu verdrängen, obwohl ich weiß, dass sie gleich wieder zurückkommen werden. Ich versuche nicht daran zu denken, was gerade auf der Arbeit los ist und was morgen wieder los sein wird. Vielleicht. Vielleicht auch nicht. Vielleicht wird es auch gut oder sogar besser. Vielleicht spielen mir meine Gedanken bloß einen Streich und ich steigere mich in irgendwas rein, was gar nicht da ist. Ja, so wird's sein. Okay. Einmal tief durchatmen.

Während ich aufstehe und versuche, irgendwas zu machen, um an etwas anderes zu denken, merke ich, dass mein Magen anfängt wehzutun. Nicht das erste Mal. Es nervt mich. Es nervt mich, dass ich am Wochenende an die Arbeit denke. Es nervt mich, dass das alles hier gerade meine Laune in den Keller zieht, und egal wie sehr ich versuche, dagegen anzukämpfen, es funktioniert einfach nicht. Dabei hat alles doch so gut angefangen.

Ich weiß noch, wie motiviert ich war, von meinem vorherigen Job einen Neustart zu wagen, auch wenn ich Angst hatte, dass dieser vielleicht nach hinten losgehen könnte. Warum? Naja, weil Neuanfänge bekanntlich nie so einfach sind. Vor allem, wenn man sich eine lange Zeit wirklich wohlgefühlt hat. Ihr müsst wissen, mein vorheriger Job hat eine Menge zu meiner Entwicklung beigetragen. Aber fangen wir doch erst mal ganz von vorne an: Wie bin ich überhaupt in diese Situation hineingeraten?

UND PLANLOS GEHT DER PLAN LOS

Die Marketingbranche hat mich seit meiner Ausbildung fasziniert, denn vorher wusste ich nicht so wirklich, was ich mal werden möchte. Ich meine, wie viele Möglichkeiten warten da draußen auf einen, und woher will man mit sechzehn oder achtzehn wissen, was für einen der richtige Job, ja, der richtige Weg ist? Ich wusste es auch mit zwanzig nicht, obwohl ich mich seit der sechsten Klasse mit dem Thema befasst und unzählige Praktika gemacht habe. Gefühlt habe ich jedes Jahr meinen Berufswunsch geändert, das letzte Mal kurz vor den Abi-Prüfungen. Ich hatte eigentlich einen guten Plan, und alles war sicher. Nach dem Abi erwartete mich eine Ausbildung zur Raumausstatterin. Insgesamt habe ich zwei Praktika in diesem Bereich bei derselben Firma gemacht. Das zweite war sogar unabhängig von der Schule während meiner letzten Sommerferien gewesen, so sehr hatte mich der Job begeistert.

Tja, und dann? Dann habe ich meinen Plan hinterfragt. Ich wollte nach der Ausbildung zur Raumausstatterin Innenarchitektur studieren. Mein Kopf fing vor den Abi-Prüfungen jedoch an, genau diesen Plan zu hinterfragen und produzierte dabei einen richtigen Gedankengulasch:

Was darauf folgte, war die Auflösung meines Ausbildungsvertrags. Ich sag's euch, diese Zeit war nicht leicht für mich. Ehrlich gesagt, bin ich sogar in ein ziemliches Loch gefallen. Ich würde es schon als kleine Lebenskrise bezeichnen – gefühlt wussten nämlich alle meine Mitschülerinnen und Mitschüler, wohin die Reise für sie gehen soll. Nur ich stand nun komplett planlos da.

Also entschied ich mich für ein FSJ (Freiwilliges Soziales Jahr), was die letzte „Notlösung" war, weil die Zeit keine neue Bewerbungsphase oder „Nachdenkphase" mehr zuließ. Ein FSJ war damals (als wäre das 30 Jahre her) eher nicht so gut angesehen, ganz nach dem Motto: „Du weißt anscheinend nicht, was du werden willst. Schlecht. Und jetzt vertrödelst du deine Zeit!" Und weil ich mich erst kurz vor Beginn ange-

meldet hatte, gab es nicht mehr viel Auswahl. So entschied ich mich für die Arbeit in einem Kinderheim – und es war rückblickend die beste Entscheidung überhaupt! So viel Verantwortung hatte ich zuvor noch nie in meinem Leben. Eine Erfahrung, die mich sehr geprägt hat.
Und jetzt kommen wir dahin, wo ich vorhin abgebogen bin: meine Ausbildung. Auch ein Jahr nach dem FSJ wusste ich nicht, was ich werden möchte. Entscheidungen zu treffen war übrigens noch nie eine meiner Stärken. Am Ende entschied ich mich für eine Ausbildung zur Kauffrau für Büromanagement bei einem Finanzdienstleister in Hamburg. Also weg aus der Heimat. Am Ende der Bewerbungsphase konnte ich zwischen zwei Angeboten wählen. Ich vertraute auf mein Bauchgefühl, und es war richtig, denn eine bessere Ausbildung und Betreuung hätte ich mir nicht wünschen können. Warum ich mich für die Ausbildung entschied? Auf dieser ließ sich gut aufbauen, wenn man es denn wollte, außerdem schenkte sie mir viel Flexibilität in der späteren Berufswahl.
Den Marketingbereich habe ich dann zum ersten Mal während meiner Ausbildungszeit kennen und lieben gelernt, denn ich wechselte alle sechs bis acht Wochen die Abteilung, so auch in die Marketingabteilung. Auch wenn das nur ein Mini-Einblick war, fand ich es superspannend. Gleichzeitig wurde dieses Interesse noch durch meine Tätigkeit als Influencerin gepusht. Sie hat mir zusätzlich gezeigt, wie facettenreich diese Branche wirklich ist und was alles dahintersteckte. Für mich stand damals fest: Ich möchte unbedingt die Unternehmensseite des Influencer-Marketings kennenlernen!
Zum Ende meiner Ausbildung wollte ich also in die Marketingbranche einsteigen und hatte mich bei meinem Ausbildungsbetrieb auch in der Marketingabteilung beworben. Ich dachte, ich hätte gute Chancen, da ich dort viele coole Sachen umgesetzt hatte und zu diesem Zeitpunkt auch mehrfach mein Interesse geäußert hatte, in dieser Abteilung übernommen zu werden. Sogar ein Bewerbungsgespräch mit dem damaligen Abteilungsleiter hatte ich gehabt. Am Ende wartete ich ewig auf eine Rückmeldung. Mehrfach musste ich nachfragen, und das kurz vor dem Ende meiner Ausbildung (Zeitdruck und so). Dieses Gefühl, nicht zu wissen, was kommt, war damals ziemlich schwer, denn ich hatte Panik, vor dem Nichts zu stehen. Und eine Wohnung bezahlt sich

ja nun nicht mal eben so von Luft. Ich hatte Angst, nach der Ausbildung nicht übernommen zu werden, denn gerade frisch ausgelernt eine neue Stelle zu finden, ist nicht gerade die leichteste Angelegenheit. Eine Übernahme wäre also die einfachste Variante gewesen.
Am Ende wurde ich nicht übernommen, mit der Begründung, dass ich keinen Bachelorabschluss, sondern „nur" eine Ausbildung hätte. WOW. Danke für nichts.
Ich verstand die Welt nicht mehr und konnte nicht glauben, dass mir diese Absage einfach in einem Gespräch (auf welches ich wieder wochenlang warten musste) vor die Füße geworfen wurde. Wieso hatte mir das keiner vorher gesagt? Wieso die Gespräche, die ganze Mühe, die extra Einsätze in der Abteilung, wenn von Anfang an klar war, dass ich aufgrund meines Abschlusses eh nicht in die Marketingabteilung übernommen werden konnte? Ich war sauer, traurig und enttäuscht zugleich. Ich hatte so viel Zeit verloren, und mein Abschluss stand quasi vor der Tür.
Danach war für mich klar: Ohne ein Studium wird das mit dem Marketing wohl nur schwer was. Also schaute ich, was möglich war. Welche berufsbegleitenden Studienmodelle gab es, welche konnte ich mir leisten, wie viel Gehalt müsste ich bekommen, wie viele Stunden konnte ich nebenbei arbeiten. Was würde passieren, wenn ich kein Kindergeld mehr erhielt ... und und und.

RECHT AUF KINDERGELD

Wenn ihr eine zweite Ausbildung (egal ob schulisch, Berufsausbildung oder Studium) macht und maximal bis zu 20 Stunden die Woche arbeitet, können eure Eltern bis zu eurem 25. vollendeten Lebensjahr Kindergeld beziehen. In meinem Fall haben mir meine Eltern das Kindergeld ausgezahlt.
Am besten informiert ihr euch direkt bei der Bundesagentur für Arbeit.

Und dann bewarb ich mich. Auf gut Glück. So viele Bewerbungen hatte ich noch nie geschrieben, aber ich wollte es schaffen. Ich wollte in die Marketingbranche, und ja, am Ende auch studieren, obwohl ich immer gesagt habe: „Ein Studium ist nichts für mich und im Büro arbeiten schon gar nicht." (Was ein Plot Twist)

Aber wie schreibt man eine Bewerbung für eine Stelle, für die man keine Ausbildung oder berufliche Erfahrung hat? Ich gab einfach mein Bestes. Ich schmückte jede Kleinigkeit in meinem Lebenslauf so aus, dass es aussah, als hätte ich mich mein Leben lang auf die Marketingbranche fokussiert. Wenn ich darüber nachdenke, muss ich ein wenig schmunzeln und bin stolz zugleich.

Und dann war da eine Stelle, die ich bei der Bewerbung einfach mitnahm, ausgeschrieben als „Online Marketing Manager (m/w/d)". Keine Werkstudentenstelle, kein Praktikum, keine Juniorstelle. Sich darauf zu bewerben war rückblickend schon crazy, denn damals war mir nicht ganz klar, dass es bei Berufsbezeichnungen auch unterschiedliche Erfahrungsstufen gibt.

Ihr müsst wissen, dass ich in jeder meiner Bewerbungen offen kommuniziert habe, dass ich gerne studieren möchte, um mich beruflich weiterzuentwickeln. Quasi ein „Hey, ich weiß, dass ich keinen Studienabschluss habe, aber ich habe einen genauen Plan und möchte es gerne mit euch umsetzen. Ich brauche nur eine Chance."

BEZEICHNENDE KARRIERESTUFEN

Für die einzelnen Karrierelevel gibt es keine einheitlichen Richtlinien oder Kategorisierung. Eine Regular-Stelle im Unternehmen A ist nicht gleich eine Regular-Stelle im Unternehmen B. Sprich, die Einteilung und ab wann welche Bezeichnung verwendet wird, ist abhängig von der Branche, vom Beruf und den Unternehmen selbst.

Merken könnt ihr euch aber:
Junior = Berufseinsteiger
Regular/Midlevel = Berufserfahren
Senior = Langjährige Berufserfahrung + Fachkenntnisse
(Team)Lead = Führungskraft
Head of = Abteilungsleitung

Tja, und diese Chance wurde mir gegeben. Einmalig, und zudem war es die einzige Rückmeldung, die ich auf meine über 20 geschriebenen Bewerbungen überhaupt erhielt. Dass die Stelle als Online Marketing Managerin nicht zu mir und meinen beruflichen Qualifikationen passte, wurde mir dann im Bewerbungsgespräch auch so gesagt. Trotzdem fand sich die Möglichkeit, alles irgendwie hinzubasteln. Also wurde ich als „Assistenz Online Marketing", duale Studentin mit einem berufsbegleitenden Studium in Marketing und digitale Medien eingestellt. Alles hat gepasst. Ich konnte genau den Studiengang wahrnehmen, den ich mir ausgesucht hatte. Durch die Teilzeitstelle war das Gehalt ausreichend, um weiterhin so leben zu können, wie bisher, auch durch das Kindergeld. Okay, jetzt sind wir etwas in der Vergangenheit herumgeirrt, aber das war quasi der Beginn meiner Reise. Von planlos geht der Plan los über zu einem Plan, der sich richtig anfühlte.
Nachdem ich fast zwei Jahre in diesem Job gearbeitet hatte, veränderte sich dort jedoch das „große Ganze" (später mehr dazu). Einige ehemalige Kolleginnen, die heute zu meinen engsten Freundinnen zählen, verließen das Unternehmen und irgendwann auch meine Führungskraft. Dieses Bauchgefühl, zu wissen, „Jap. Das ist ein Zeichen", sagte mir, dass es richtig sei, selbst eine Veränderung zu wagen. Also ging es nach knapp zweieinhalb Jahren wieder los: Bewerbungen schreiben für eine Stelle, für die ich keine berufliche Erfahrung habe. Und wie machte ich das? Na ja, im Prinzip so wie beim letzten Mal. Da habe ich mich auch auf eine Stelle beworben, für die ich mindestens einen Bachelor und berufliche Erfahrung gebraucht hätte. Und hatte am Ende auch Glück. Also legen wir los:

WAS SAGEN STELLENANZEIGEN AUS?

Ihr müsst nicht immer alle Kriterien einer Stellenanzeige erfüllen. Gerade Beschreibungen wie „wünschenswert“ oder „idealerweise“ zeigen, dass ihr die Anforderung nicht zwingend erfüllen müsst. Wenn ihr euch die Aufgaben zutraut, dann bewerbt euch!

Ich brauchte ein cooles Design, denn wenn schon etwas im Lebenslauf fehlte, musste wenigstens die Bewerbung an sich im Kopf bleiben. Also ließ ich meiner Kreativität freien Lauf, auch Dank meiner gemachten Erfahrungen. Punkten konnte ich auf jeden Fall mit meiner Perspektive als Influencerin. Gestalterisch baute ich die Bewerbung, passend zu meiner Person, als eigenes Instagram-Profil im Desktop-Format auf.

Kleiner Tipp:
Falls ihr Inspirationen für die Gestaltung eurer Bewerbung benötigt, schaut bei Pinterest oder Canva vorbei!

Bewerbung done. Für jede Stellenanzeige einmal individualisiert. Abgesendet.

Versendete Bewerbungen: 9
Rückmeldungen: 9
Bewerbungsgespräche: 5
Zusagen: 3

Okay, ganz kurz: Was war das bitte für eine Steigerung im Verhältnis zur damaligen Bewerbungsrunde? Das hatte mich schon sehr gefreut. Am Schluss war klar, dass ich mich für die Remote-Stelle bei einem Start-up entscheiden wollte. Ich fand die Idee und die Mission des Unternehmens toll, viele Produkte verwendete ich mit voller Überzeugung zu Hause, und der Unternehmensauftritt gefiel mir auch. Außerdem hatte ich ein gutes Bauchgefühl. Es fühlte sich einfach richtig an, diesen Schritt zu gehen. Und ich konnte es kaum glauben, dass ich es wirklich geschafft hatte, vor allem, nachdem ich bereits Absagen von Unternehmen bekommen hatte, wo ich gerne gearbeitet hätte. Mein Kopf sagte mir: „Siehst du, alles passiert aus einem bestimmten Grund. Wärst du damals in deiner Ausbildung übernommen worden, hättest du wahrscheinlich nicht studiert. Du hättest deinen letzten Job weder gesucht noch gefunden und dich ohne die neu gewonnenen Freundinnen sicher immer noch allein gefühlt."
Trotzdem war ich traurig. Traurig darüber, meine Kolleginnen und heutigen Freundinnen zu „verlassen". Traurig über das, was hinter mir lag, denn ich hatte eine gute Zeit gehabt in einem guten Arbeitsumfeld mit einer guten Führungskraft, durch die ich sehr viel lernen konnte. Ja, es hatte auch mal nervige Phasen gegeben, aber das ist okay und gehört dazu. Alles in allem waren die beiden Jahre lehrreich gewesen, eben eine gute Zeit, und das loszulassen, fiel mir extrem schwer (manchmal noch heute).
Und ich hatte Angst. Angst davor zu versagen, Angst davor, eine falsche Entscheidung getroffen zu haben, Angst davor, die neu gewonnenen Freunde zu verlieren, Angst davor, nicht glücklich zu sein. Diese Angst war stärker als nach meiner Ausbildung, denn zum ersten Mal hatte ich mich angekommen gefühlt. Ich hatte Angst, diese Freude und dieses Glück, mit Menschen zu arbeiten, die einem so viel gegeben hatten, nie wieder zu spüren. Auch wenn ich wusste, dass es die richtige Entscheidung war, blieb dieses Gefühl.

JESSICA
Online

Übrigens Hasi, danke noch mal für alles! Ich habe mich richtig gefreut, dass du dir an deinem freien Tag extra die Zeit genommen hast und noch mal vorbeigekommen bist, und das, obwohl wir uns zu 200% wiedersehen.
19:34

Und für den letzten Arbeits-Coffee. Das werde ich auch richtig vermissen.
19:34

Ich bin so froh, dass wir uns kennengelernt haben … wirklich!
19:35

Du Süße! Ich bin auch sooo, so froh, dass wir uns kennengelernt haben und so gute Freunde geworden sind. Kann ich also nur zurückgeben.
20:29

Sehr, sehr gerne! Wenn meine Lieblingskollegin geht, ist ein letzter Coffee doch Pflicht.
20:29

Enter your message …

IM JOB-HIMMEL ANGEKOMMEN

Und dann war es so weit. Es ging los. Für mich irgendwie noch ungewohnt, aber meine ersten Arbeitstage fanden komplett online statt, denn meine Stelle war remote, also unabhängig von einem festen Arbeitsort. Ich war aufgeregt und glücklich zugleich. Ich konnte diesen neuen Lebensabschnitt kaum erwarten, hatte mich die letzten Wochen so sehr darauf gefreut und war gleichzeitig noch traurig über das, was hinter mir lag.

Auch wenn zu Beginn alles online stattfand, war es, als würde alles vor Ort geschehen, denn Homeoffice war für mich aufgrund der Coronapandemie nichts Neues mehr.

Der Wecker klingelte um 6:30 Uhr. Ich war nicht müde oder kaputt, sondern schon die ganze Zeit wach. Als hätte ich die ganze Nacht darauf gewartet, dass es endlich losging. Also stand ich auf, und während ich mich erst mal im Bad fertig machte, dachte ich darüber nach, was mich wohl alles erwarten wird. Ich sprang unter die Dusche, putzte mir die Zähne und zog mich danach an. Irgendwie fühlte es sich komisch an: der gleichen morgendlichen Routine nur für einen anderen Job nachzugehen. Über mein Outfit hatte ich mir nicht viele Gedanken gemacht. Eine Anzughose, obwohl man die im Bildausschnitt der Laptop-Kamera eh nicht sieht, und ein einfaches T-Shirt. Fertig.

Um 8:50 Uhr war ich startklar für meinen ersten Arbeitstag. Ich saß am Esstisch im Wohnzimmer, mein Kaffee stand neben mir, und ich wartete darauf, dass es endlich losging. Ich sprang in den ersten Termin um 9:00 Uhr, bei dem sich alle neuen Mitarbeitenden zusammenfanden. Im Warteraum checkte ich noch ein letztes Mal den Winkel, schaute, ob der Hintergrund auch gut aussah, prüfte die Stromverbindung meines Laptops und dachte darüber nach, ob mein Outfit nicht zu locker war oder doch viel zu streng.

Ehe ich die Gedanken abschließen konnte, sah ich auf dem Bildschirm auf einmal viele unbekannte Gesichter. Ich war die Einzige, die remote startete, aber das war kein Problem. Beim Rundgang wurde ich (oder besser gesagt: der Laptop) durch das Büro getragen. Ich war nämlich eine von etlichen Mitarbeitenden, die ausschließlich remote arbeitete.

Trotzdem gab es ein Büro, in dem auch viele vor Ort waren. Mittags kam dann aber der Part, der mich etwas nervös machte. Ich lernte mein Team kennen.
Wie das Team wohl so ist? Werde ich da gut reinpassen? Wie ist die Stimmung und was wird man von mir halten? All das schoss mir durch den Kopf. Ich war euphorisch, doch gleichzeitig besorgt. Was, wenn ich mich nicht wohlfühle? Ich fing an, zu vergleichen und mich daran zu erinnern, in welchen Atmosphären ich gearbeitet hatte. Würde ich überhaupt jemals wieder diesen Spaß haben, auch ohne die Menschen, mit denen ich mal gearbeitet habe?
Als der Termin begann, lächelten mich viele freundliche Gesichter an. Ich merkte, wie meine nostalgische und gleichzeitig nervöse Stimmung verschwand.
Laptop zu. Der erste Tag war geschafft. Abends auf der Couch merkte ich, wie mein Kopf brannte. Typisch für das Gefühl von „Ich hing zu lange vor dem Bildschirm“, inklusive einer Vielzahl an neuen Informationen. Aber ich war glücklich über meinen ersten Tag. Glücklich darüber, wie gut und professionell das Onboarding verlief.

ONBOARDING

So nennt man eine zielgerichtete Integration von neuen Mitarbeitenden in ein Unternehmen. Es geht darum, die Mitarbeitenden „an Bord“ zu holen. Das Onboarding beginnt in der Regel schon vor dem ersten Arbeitstag. Man erhält vorab Informationen zum Ablauf des ersten Arbeitstags und darüber hinaus. Wie lange und umfangreich ein Onboarding ist, hängt individuell vom Unternehmen ab.

Ich reflektierte mich selbst. Wie war ich? Hatte ich einen guten Eindruck gemacht? Hätte ich mehr sagen können oder doch lieber stiller

sein sollen? Egal. „Mach dir nicht so viele Gedanken, das wird schon“, sagte ich mir immer wieder.
Ab Tag zwei ging‘s ans Eingemachte. Ich lernte ständig neue Abteilungen kennen, stellte mich vor, bekam Aufgaben, um ins Tagesgeschäft einzusteigen, und übernahm parallel Kooperationen von einer Kollegin, die das Team bald verlassen sollte. WOW! Wie viel doch auf der Unternehmensseite im Influencer Marketing passiert. Wie aufwendig der E-Mail-Verkehr ist, die Verhandlungen, die Planung von Kampagnen und die Auswertung. Ich nahm in den ersten Tagen und Wochen schon so viel mit, weshalb ich froh war, diesen Weg eingeschlagen zu haben. Der Spirit in meinem Team und im restlichen Unternehmen war unfassbar stark. Ich spürte das Engagement, die Freude und die Motivation überall. Vor Ort im Büro und am Bildschirm zu Hause, wo ich an meinem kleinen Schreibtisch saß. Das Gefühl, mit Menschen zu arbeiten, die gemeinsam für eine Sache, ja, ich würde schon sagen, kämpfen, macht einfach Bock!
Ich möchte trotzdem ehrlich sein – den Unterschied zwischen Mittelstand und Start-up habe ich schon sehr gespürt. Ich würde es so beschreiben: Man fühlt sich zu Beginn häufig positiv „gepusht“, weil Motivation und Engagement in vielen Bereichen extrem hoch sind. Gleichzeitig verlangt einem das Start-up-Leben aber auch eine Menge Energie und vor allem Zeit ab. Überstunden sind ein ungeschriebenes Gesetz.
Ich pendelte ständig zwischen dem Gefühl von unendlicher Motivation und einem unaufhörlichen Zeitdruck. Dazu war es für meinen Job nicht vorteilhaft, dass ich jede Woche zwei Tage aufgrund meines Studiums freihatte und somit inklusive Wochenende vier Tage „nicht erreichbar“ war.
Anfangs fiel es mir schwer, meine 24 Arbeitsstunden mit dem Workload zu vereinbaren. Warum? Das Influencer Marketing lebt von Schnelligkeit. Sobald eine Kampagne geplant ist, geht es in die Kommunikation, in die Verhandlung der Preise und Festlegung der Upload-Termine des erstellten Contents. Anschließend werden Briefings für die ausgewählten Influencer erstellt, inklusive individueller Rabattcodes und Website- und/oder Produktlinks. Danach wird alles festgehalten, so-

dass am Ende die Performance für die Influencer und somit auch der Kampagne nachvollziehbar wird.

Wie in allen Bereichen des Lebens können ungeplante Dinge den eigenen Workflow unterbrechen. Es gibt Rückfragen zu Briefings oder ein erstellter Link funktioniert nicht. In diesem Fall muss es schnell gehen, damit die geplante Kooperation dennoch umgesetzt werden kann. Und solche „Der Link funktioniert nicht“-Momente kamen immer dann, wenn ich freihatte. Aber auch abseits solcher Augenblicke war das Postfach am Montag oft so voll, dass ich mehr oder weniger zwei von drei Arbeitstagen dafür verwendet habe, die aufgelaufenen E-Mails abzuarbeiten.

Ich bekam Zweifel. Zweifel an mir, Zweifel daran, ob das alles überhaupt das Richtige für mich war. Ich hatte das Gefühl, dass ich mit dem Job nicht eins wurde, und das, obwohl ich es so sehr wollte. Es wurde mir unangenehm, nachzufragen, auch wenn ich in meinem vorherigen Job gelernt hatte, dass ich davor keine Angst haben musste.

Was denkt meine Vorgesetzte nur von mir. Was denkt mein Team von mir?

Was ist, wenn ich die Probezeit nicht bestehe? Sollte ich schon nach etwas Neuem suchen?

Vielleicht war es doch die falsche Entscheidung.

Wahrscheinlich kann ich das einfach nicht.

Vielleicht bin ich nicht gut genug.

Ich gebe so viel, und es klappt nicht.

Meine Gedanken kreisten in den ersten Wochen extrem. Ich wollte diesen Job so sehr, und dann stand ich da und kam nicht weiter. Ich hinterfragte meine Arbeitsweise, und ja, auch mich selbst und meine Fähigkeiten. Ich kam mir so verloren vor.
Ich atmete also tief durch, legte eine kurze Pause ein und machte mir klar: Beim letzten Job hat es auch geklappt, auch bei diesem neuen Arbeitgebenden wirst du dich einarbeiten. Ich habe gelernt, dass, egal wo ich anfangen würde, ich immer wieder von vorne anfange. Neue Unternehmen, neue Strukturen und Abläufe, neue Programme, neue Aufgaben oder auch ähnliche, die sich je nach Unternehmen trotzdem unterscheiden.
Irgendwie beruhigte mich dieser Gedanke. Auf sein vergangenes Ich zurückzuschauen und sich bewusst Mut zuzusprechen kann manchmal wirklich Wunder bewirken.
Ich wollte etwas ändern. Ich wollte zeigen, dass ich hier richtig bin und dass ich den Job wirklich will. Ich wollte zeigen, dass ich Bock hatte zu lernen und mich weiterzuentwickeln, doch dieses Gefühl, das gerade nicht so zeigen zu können, nagte an mir.
Ich beschäftigte mich mit meinen Leistungen nach der Arbeit, an meinen freien Tagen und an den Wochenenden. Morgens beim Aufstehen und abends auf der Couch. Ich dachte über meine Arbeitsleistung nach, wie viel ich geschafft hatte und wie viel nicht. Ich dachte darüber nach, wo ich schneller hätte sein können. Ich dachte darüber nach, was andere besser machen und warum. Ich dachte darüber nach, wo ich nicht hätte nachfragen sollen, um nicht das Gefühl zu vermitteln, ich sei unsicher und unselbstständig. Ich dachte darüber nach, wie ich Dinge besser machen könnte, bis mir eine Idee kam, die mir den ersten Schubser in die falsche Richtung geben sollte: Ich schlug vor, eine Power Hour einzuführen. Eine Stunde pro freiem Wochentag, in der ich nur „Notfälle" erledigte. Dafür würde ich zwei Stunden an den offiziellen Arbeitstagen weniger arbeiten. Na ja ... aus einer 24-Stunden-Woche wurde inoffiziell eine 26-Stunden-Woche plus die Überstunden, die notwendig waren, um überhaupt mit dem Workload hinterherzukommen. Für mich war das aber okay, denn ich wollte beweisen, dass ich das kann. Also meckerte ich auch nicht über den weiter ansteigenden Workload.

Ich wollte *mir* beweisen, dass ich das kann und gut genug für das bin, was mich begeistert. Ich wollte nicht kleinlich sein. Hinzu kam, dass mich das Zusammengehörigkeitsgefühl insbesondere mit meinem Team sehr motivierte. Natürlich wollte ich stolz auf mich sein, aber mindestens genauso schön ist, wenn man gemeinsam als Team Ziele erreicht. Ich wollte, dass wir als Team stolz auf unsere Leistung sein konnten.

Also setzte ich den Vorschlag einer Power Hour um – und es funktionierte. Ich kam dadurch viel schneller in den Workflow rein und auch besser mit dem Workload zurecht. Ich freute mich sehr darüber, dass ich eine Lösung für mein „Problem" gefunden hatte. Die gewonnene Zeit, die eigentlich keine war, nutzte ich dafür, um tiefer in das Influencer Marketing einzutauchen. Ich brachte mich mehr in Meetings ein, teilte meine Ideen und bekam ein positives Feedback dafür, wie offen ich kommunizierte. Das Gleiche galt auch für meine One-on-One-Calls – meine Feedback-Gespräche. Ich teilte meine ehrlichen Gedanken und bekam ein Feedback, mit dem ich anfangs sehr gut arbeiten konnte. Ich fühlte mich sicher. Sicher in meinem Job. Sicher mit meinem Team und meiner Führungskraft. Meine anfänglichen Sorgen, nicht gut genug zu sein und eine falsche Entscheidung getroffen zu haben, verschwanden nach zwei bis drei Monaten komplett. Es fühlte sich richtig an, dort zu sein.

SCHNURSTRACKS BERGAB

Doch wie kommt man von dieser Euphorie zu Bauchschmerzen am Sonntagmittag? Wie kann sich ein Arbeitsverhältnis so verändern, dass man all das, was man zuvor über sich gelernt hat, ganz langsam zerbröselt? Dass man nicht mehr weiß, wo oben und unten ist, und anfängt, sich zu hinterfragen, sich kaputtzumachen. Dass man auf einmal das Gefühl hat, nicht gut genug zu sein, niemals etwas zu können und ein unwohles Gefühl bekommt, wenn im Chat-Programm steht „Person XY schreibt ...". Dass man den Gedanken hat, dass jede Kleinigkeit negativ beurteilt oder einem angelastet wird.

Ich kann mich noch gut an eines der ersten Feedback-Gespräche erinnern, in dem ich meiner Chefin sagte, dass wir meiner Meinung nach unsere Marketingstrategie ändern müssten. Alles andere sei langfristig nicht sinnvoll. Ihr denkt euch jetzt sicher: Jo, wie kann sie so was sagen, obwohl sie gerade erst ein paar Monate an Bord ist?
Diesen Impuls gab ich bereits in meinem Bewerbungsgespräch, als ich gefragt wurde, ob ich etwas am aktuellen Influencer-Marketing ändern würde. Ich fand diese Frage ziemlich schlau, und gleichzeitig überlegte ich, ob ich das, was ich wirklich dachte, sagen sollte. Ich entschied mich dafür. Ehrlich und direkt. Und ich wurde genommen.
Also wollte ich an meinem Impuls festhalten, weil ich daran glaubte, dem Unternehmen eine wichtige Perspektive geben zu können, gerade weil ich noch nicht lange dabei war und einen frischen Blick von außen hatte. Deshalb entschloss ich mich, bald nach Beginn meiner Tätigkeit noch einmal mit meiner Vorgesetzten über das Thema zu sprechen. Warum?
Ganz einfach: Es dauert, bis ein strategischer Umschwung real spürbar wird. Vor allem dann, wenn man performancegetrieben arbeitet. Unsere Ziele wurden immer weniger realistisch. Nicht nur für mich, sondern insgesamt für das Team. Also schlug ich den Strategiewechsel vor mit dem Hinweis, dass wir das schnellstmöglich machen sollten.
Das Feedback meiner Führungskraft dazu? Positiv, sehr sogar! So gut, dass es zu meinem ersten eigenen Projekt wurde, langfristig die Influencer-Marketingstrategie zu optimieren. Wie geil ist das denn bitte? Ihr könnt euch nicht vorstellen, wie stolz ich darauf war. Ich fühlte mich gehört und wahrgenommen, dachte aber gleichzeitig darüber nach, ob ich mich nicht gerade selbst überschätzte.
Auch die Reaktion meines Teams war positiv, und ich verspürte eine erneute Euphorie. Ich organisierte Meetings, in denen wir darüber sprachen, wie wir diese Optimierung angehen könnten. Daraus entstanden weitere Nebenprojekte und Aufgaben – natürlich passend zu meiner Stundenzahl.

OKAY STOPP.
TIEF DURCH-
ATMEN.

Wir versuchten, uns neu auszurichten, doch durch den immer höher werdenden Druck, die Ziele zu erreichen, wurde der Arbeitsalltag zunehmend durch kurzfristige und spontane Anpassungen geplanter Kampagnen erschwert. Der Mehraufwand führte zu Ineffizienzen, welche sich negativ auf den Workload und Workflow auswirkten. Der Druck, alles pünktlich schaffen zu müssen, weil davon wiederum die Erreichung der Ziele abhing, erhöhte das Stresslevel. Irgendwann ging es so weit, dass mein freiwilliges Angebot, meine Stunden aufzuteilen (wir erinnern uns zurück) als selbstverständlich angesehen wurde und ich die Power Hour (es wurden auch gern mehrere) regelmäßig an meinen freien Tagen einlegen musste. In unseren Meetings ging es dann aber doch wieder nur darum, die alte Strategie zu fahren, anstatt sich den neuen Ansätzen zu widmen.
So oft wie nur möglich versuchte ich, darüber zu kommunizieren. Wir wollten unsere Strategie optimieren, arbeiteten aber doch wieder in die entgegengesetzte Richtung, obwohl wir uns im Team eigentlich einig waren. Nicht zu wissen, warum Dinge von der Führungsebene so und nicht anders entschieden wurden, war ermüdend und demotivierend. Das, was ein Team in solchen Momenten braucht, sind vor allem klare Vorgaben, klare Prioritäten. Gab es die? Nein. Ich hatte das Gefühl, dass wir als Team nicht gehört wurden.
Der Druck stieg von Woche zu Woche, von Monat zu Monat. Ich versuchte mein Zeitmanagement den neuen Strukturen anzupassen. Auch wenn ich innerlich einen starken Zwiespalt spürte, wollte ich mein Bestmögliches geben. Das Schlimme war für mich, dass ich irgendwann nicht weiterwusste. Trotz mehrfachen Ansprechens meines Zwiespalts und dem Hinweis, dass ich Prioritäten in den Zielen bräuchte, erhielt ich immer die Antwort: „Dann musst du noch mehr Gas geben." Als wäre jeder meiner Sätze über den Bildschirm in den Süden zu meiner Führungskraft mitten auf dem Weg verloren gegangen.
Durch die nicht vorhandene Unterstützung und das Eingehen auf meine Gedanken und Gefühle folgte eine sehr „spontane" und nicht eindeutige Arbeitsweise, was den Arbeitsalltag nicht unbedingt einfacher machte und auch nicht wirklich produktiver. Diese nicht vorhandene Organisation fühlte sich an, wie dauerhaft nervös zu sein.

Okay Stopp. Tief durchatmen. Das klingt wie ein Teufelskreis, oder? Das war es auch. Die Unternehmensziele sind wichtig, und das war mir bewusst. Sehr sogar. Das Problem war, dass unsere neue Strategie sich einfach nicht gut mit der alten Strategie vereinbaren ließ, das Unternehmen aber nun mal nach Letzterer funktionierte und kein ausreichend großer Rückhalt für die neue Strategie existierte.
Noch weniger verstand ich, wieso mir meine Führungskraft in unseren Feedback-Gesprächen sagte, es sei toll, dass ich mich der Strategieoptimierung annehme, dann aber in Teammeetings komplett entgegengesetzte Anweisungen gab. Die Prioritäten waren unterschiedlich, und das bemerkte auch das Team. Wir versuchten gemeinsam voranzukommen und unsere Pläne zu verfolgen, scheiterten aber auf halbem Weg, weil wir Ziele halten mussten. Das Problem wurde immer schwieriger zu lösen. Ich stellte mir die Frage: Möchtest du das Unternehmen langfristig in deinem Bereich erfolgreich machen oder arbeitest du stumpf und ohne viel nachzudenken auf das eine Ziel hin? Ich wusste oft nicht, was ich machen sollte.
Noch viel schlimmer war, dass diese Verunsicherung die Zahlen immer mehr beeinträchtigte, und das kommunizierte ich auch mehrfach in Teammeetings und Feedback-Gesprächen. „Ich weiß ehrlich nicht mehr, was ich machen soll. Wir wollen das eine, machen aber das andere."
Wisst ihr, ich habe mir auf die Ansprachen immer eine klare Aussage gewünscht. Eine Vorgabe von Prioritäten, ohne diese eine Woche später wieder über den Haufen zu schmeißen und zu fragen, wieso denn alles andere nicht läuft? (Selbst die Verwirrung ist verwirrt.) Die Antwort, die ich darauf bekam, hat mich die Welt nicht mehr verstehen lassen. „Ja, Joanne, dann musst du halt noch mehr machen. Vielleicht setzt du dir mal Moonshot Goals."

MOONSHOT GOALS

Das sind Ziele, die für Mitarbeitende und ein Team unerreichbar scheinen. Hierdurch sollen beispielsweise neue strategische Denkansätze, das Out-of-the-box-Denken, gefördert werden.

Okay, cool. Danke für die Unterstützung. Ich hätte wirklich kotzen können. Schon wieder hatte ich die Problematik erklärt und schon wieder folgte die gleiche, nicht hilfreiche Aussage. Ich kam mir langsam wirklich dämlich vor, immer und immer wieder das identische Feedback zu geben und immer und immer wieder dieselbe Aussage zu hören. Ich fragte mich, ob ich vielleicht auf dem Schlauch stand. Ernsthaft. Womöglich hatte ich auch etwas übersehen? Ich meine, ich war noch im Studium und ich hatte nicht die Erfahrung, die meine Führungskraft besaß. Vielleicht dachte ich auch nur, dass ich Ahnung hätte und hatte sie gar nicht.
Ich sprach mit Kolleginnen über unsere Situation – und das nicht nur einmal. Diese Gespräche halfen mir. Ich hatte das Gefühl, mit meinen Gedanken nicht alleine zu sein. Außerdem half mir das dabei, mich nicht dauernd selbst schlechtzureden.

BLEIBEN ODER NICHT BLEIBEN?

Das Ende der Probezeit kam. Sechs Monate, die von Euphorie, Motivation und anfänglichem Chaos geprägt waren, neigten sich dem Ende zu. Ob ihr es glaubt oder nicht, aber ich war mir nicht so ganz sicher, ob ich wirklich bleiben durfte, denn ich erreichte meine Ziele nicht so, wie es hätte sein sollen. Und auch wenn es den anderen genauso ging, war das sicher keine Begründung dafür, bleiben zu dürfen. Selbst wenn andere Dinge meine Performance beeinträchtigt hatten, musste ich für meine Zahlen Verantwortung übernehmen. Trotzdem kribbelte es mir in den Fingern. Ich sah so viel Potenzial, und ich verstand nicht, wieso wir so offensichtlich gegeneinander arbeiteten. Kurz gesagt: Ich bestand die Probezeit. Irgendwie ganz automatisch, weil mein Gespräch dazu stattfand, nachdem meine Probezeit schon längst zu Ende gegangen war.

Auch in diesem Meeting teilte ich meinen Zwiespalt. Erklärte, dass ich nicht wisse, wie ich mein Projekt der Strategieoptimierung umsetzen solle, wenn die Zielvorgaben anscheinend eine andere Priorität zeigen.

„Nee, alles super, Joanne! Ich freue mich richtig doll, dass du Teil des Teams bist. Und das mit den Zahlen wird schon irgendwie. Mach einfach weiter so."

Irgendwas änderte sich danach. Es war die allgemeine Grundstimmung, die anders wurde. Irgendwie gleichbleibend glücklich (manchmal zu glücklich) und gleichzeitig stressig, nervös und kompliziert. Kann man eine Stimmung als kompliziert beschreiben? Es fühlte sich so an, als wäre da ganz schön viel Druck im Unternehmen.

Meine Vorgesetzte war immer weniger erreichbar, antwortete teilweise tagelang nicht auf Nachrichten, auf die eine Antwort wichtig gewesen wäre, Teammeetings ließ sie uns mehr und mehr alleine durchführen. Die Feedback-Gespräche wurden einseitiger und weniger hilfreich. Nur war mir das damals gar nicht so bewusst. Teilweise kam meine Führungskraft erst fünf Minuten vor Ende in einen Termin rein, mit der Entschuldigung, der andere Termin hätte eben länger gedauert. Oder sie tauchte erst gar nicht auf und entschuldigte sich später nach dem Motto: „Upsi, wann passt es dir denn noch mal?"

Dreißig Minuten. Dreißig Minuten, die ich einfach da saß. Ich hatte mich vorbereitet, meine Updates aufgeschrieben, meine Listen gepflegt, mir zu jeder meiner Aufgaben etwas notiert, damit ich argumentieren konnte, wieso und weshalb etwas performt hat und anderes nicht. Warum *ich* performt habe oder eben nicht.

Dreißig Minuten, die ich gebraucht hätte, um mich zu erklären, um zu zeigen, dass ich mein Bestes gegeben habe. Dreißig Minuten, die ich gebraucht hätte, um motivierende Worte zu hören, um mich verstanden zu fühlen. Dreißig Minuten, die ich gebraucht hätte, um das weitere Vorgehen zu besprechen, um vielleicht Unterstützung zu spüren. Dreißig Minuten, die ich gebraucht hätte, um eine klare Anweisung der

Priorisierung zu bekommen, welche KPIs (Key Performance Indicators; Leistungskennzahlen) wichtiger sind als andere. Dreißig Minuten, die ich gebraucht hätte, um Feedback zu geben und um zu sagen, dass ich diese dreißig Minuten bräuchte. Von dreißig Minuten blieben manchmal nur zehn oder fünf Minuten.

Auch wenn mir Feedback-Gespräche immer wichtig waren, war ich manchmal froh darüber, dass der Termin (spontan) ausfiel. Ich spürte eine Art Erleichterung. Freude darüber, dass ich mich nicht rechtfertigen musste. Als hätte jemand diesen ständig anhaltenden, unterschwelligen Druck rausgenommen. „Heute nicht. Ein Glück", sagte ich mir kurz vor dem Feierabend. Ich saß abends schon halb im Dunkeln vor meinem Laptop. Checkte die Zahlen und war am Verzweifeln.

„Nimm die Arbeit nicht mit nach Hause" ist ein Satz, der sich so leicht sagen lässt, vor allem dann, wenn einem der eigene Job viel bedeutet. Wenn man seinen Job gerne macht. Natürlich nahm ich mein Gedankenchaos und jegliche Gefühle mit in den Feierabend und in das Wochenende. Ich dachte darüber nach, was ich ändern könnte. Ob ich überhaupt etwas ändern könnte, und wenn ja, wie.

Ich war sauer, und ich kam mir so dumm vor. So dumm, weil ich glaubte, seit Monaten gegen eine Wand zu sprechen. Dieses Gefühl war unbeschreiblich schlimm. Manchmal lag ich abends im Bett und ging jedes einzelne Gespräch und jedes einzelne Meeting durch. Ich versuchte zu verstehen, worin das verdammte Problem bestand. Ich hatte Ziele, Ziele wie mein Projekt. Die Strategieoptimerung. Ich wusste, dass meine Entwicklung, meine Arbeit am Ende im Jahresendgespräch bewertet wurden (was natürlich auch Auswirkungen auf eine Gehaltserhöhung bedeuten konnte), und ich wollte es schaffen.

Ich kann mich noch gut an die erste Situation erinnern, in der ich für mich einstand und meiner Chefin gegenüber ein (fast) klares „Nein" aussprach. Die Situation? Eine Kampagne sollte zum zweiten Mal im Monat noch mal neu aufgerollt werden. Einige Kooperationen waren schon gelaufen, andere folgten noch.

„Tja, die Info, ob wir die Kampagne jetzt noch mal anpassen müssen, bekomme ich noch", erklärte sie uns im Teammeeting. Eine Aussage, die wieder so nichtssagend war, dass ich sprichwörtlich hätte kotzen

können. In meinem Kopf kreiste es: Denkt denn niemand darüber nach, was für ein zeitlicher Aufwand diese Änderungen sind? Denkt wirklich niemand darüber nach, dass wir nach dieser Aussage nicht wirklich weiterarbeiten können, weil wir quasi auf heißen Kohlen sitzen und nur darauf warten, ein „Ja" oder „Nein" von unserer Chefin zu hören? „Wenn wir die Kampagne abändern, müssen wir das natürlich noch mal den kommenden Kooperationspartnern kommunizieren", fuhr sie fort. Wisst ihr, wie peinlich und unangenehm es mir war, allein schon daran zu denken, zum zweiten Mal zu schreiben: „Sorry, wir haben da noch mal was spontan geändert ..."
Für diesen Monat hatte ich zwei, drei sehr wichtige Influencerinnen eingebucht, und ich sagte deshalb, dass ich diese Information zeitnah benötige, weil diese Kooperationen extrem wichtig für die Performance seien. Daher wäre es gut, wenn diese dann auch dementsprechend mit dem richtigen Briefing umgesetzt werden würden.
Meine Chefin meinte nur: „Dann kannst du ja deine Power Hour dafür verwenden. Die hast du ja noch nicht benutzt, oder?" Ihr glaubt gar nicht, was das in diesem Moment für ein Gefühl war. Ich hätte schwören können, dass ich mich verhört hatte. Zum ersten Mal wurde mir meine Gutmütigkeit förmlich vor die Füße geworfen – und das mit einer Selbstverständlichkeit, wie ich sie noch nie erlebt hatte. Ich hätte niemals damit gerechnet, dass diese Antwort kommt, weshalb ich völlig perplex war.
„Ehrlich gesagt weiß ich nicht, ob ich so spontan online kommen kann, um all meinen Kooperationspartnern vor dem Wochenende Bescheid zu geben. Ich habe Uni. Es wäre schön, wenn wir die Info noch heute bekommen könnten", antwortete ich.
Nicht einmal drei Minuten nach dem Termin sah ich, wie meine Chefin auf Slack anscheinend sehr lange einen Text an mich verfasste. Ich saß vor dem Laptop und starrte auf das Chat-Fenster. Ich wusste nicht, ob ich aufstehen sollte oder nicht. Mein Herz fing an zu klopfen, und ich dachte darüber nach, ob ich irgendwas Falsches oder Unangebrachtes gesagt hatte. Hatte ich eine Grenze gezogen oder war es keine Grenze? War es übertrieben? Eigentlich nicht. Ich hatte die Power Hour eingeführt, um besser mit und für das Team arbeiten zu können. Für Notfälle.

Kampagnen mehrfach im Monat spontan zu ändern, weil die Zahlen nicht stimmen und keine klare strategische Ausrichtung gefahren wird, sah ich absolut nicht als Notfall an. Vor allem dann nicht, wenn man davon ausgeht, dass das Team den nötigen Mehraufwand, der über die geregelte Arbeitszeit hinausgeht, einfach so ableistet.

Die Slack-Nachricht haute mich komplett um. Ein riesiger Text darüber, dass das Studium natürlich vorgehe, aber schließlich alle ihr Bestes geben würden, weshalb sie das Gleiche auch von mir erwarten würde. Beendet wurde dieser Text mit drei kleinen gelben Herzchen. So als „Ich mein es nicht böse, Girl, aber ...“-Hinweis.

Ich las die Nachricht ein zweites Mal, dann ein drittes Mal und letztlich ein viertes Mal. So viel Framing, um mir unterschwellig ein schlechtes Gewissen zu machen. Ich konnte es nicht fassen, dass mir indirekt damit zu verstehen gegeben wurde, ich würde nicht genug geben, mir wäre das Unternehmen egal und ich hätte nicht den nötigen Drive, den hier alle haben. Und das nach diesen ganzen Monaten geprägt von Überstunden, Stress und Druck. Und nur, weil ich einmal bewusst von meinem eigenen Vorschlag, der schon entgegenkommend war, nicht Gebrauch machte?

Ich ließ es mir wieder und wieder durch den Kopf gehen. Abends auf der Couch. Wie waren die letzten Monate gelaufen? Termine wurden überzogen oder spontan verschoben. Auch solche, die für das Team und die darauffolgenden Wochen von hoher Priorität waren. Feedback-Gespräche wurden immer einseitiger und immer weniger. Warum? Weil andere Dinge wichtiger waren. Wichtiger als was? Die eigenen Mitarbeitenden? Das eigene Team? Ja, das Start-up-Leben ist nicht leicht, es ist chaotisch und oft auch sehr stressig. Langfristig will ein neues Unternehmen erfolgreich bleiben. Verständlich also, dass nicht immer alles rund läuft.

Trotz all des Verständnisses merkte ich, dass ich mehr und mehr meine Motivation verlor, und zwar nicht die, viel zu geben, sondern die für den Job an sich. Die Ineffizienz und die stressige Grundstimmung waren vielleicht nur eine Phase, so versuchte ich mich zu beruhigen. Vielleicht würde es ja irgendwann wieder bergauf gehen. Gute und schlechte Phasen gibt es überall, also kein Grund, gleich alles so negativ zu sehen.

Also versuchte ich mich in eine positive Gedankenrichtung zu lenken. „Es ist nur eine Phase."

PLOT TWISTS

Manchmal braucht es äußere Einflüsse, um eine Situation zu verbessern. Meine Chefin (nennen wir sie im weiteren Verlauf einfach Team Lead 1) kündigte und wollte neue Wege gehen. Gut, dachte ich. Vielleicht macht das Sinn. Die letzten Monate hingen wir nur noch in der Luft, und egal, was wir machten, es funktionierte nicht richtig. Vielleicht braucht es einfach eine strukturelle Veränderung. Das Coole war, dass zwei meiner Kolleginnen sich die Aufgabe als Team Lead teilen sollten. Eine übernahm den personellen Part, die andere den strategischen, und beide waren von Anfang an von dem Strategieumschwung, den wir planten, überzeugt. Für mich war die logische Konsequenz: Es wird bergauf gehen! Wir bekommen doch noch die Chance, unsere Strategie so zu verändern, wie wir es für sinnvoll halten. Wir können direkter mit der Geschäftsführung kommunizieren oder uns intensiver dafür einsetzen. Achtung, Plot Twist. Meine Chefin, Team Lead 1, blieb eben doch. Wurde befördert und blieb irgendwie auch Teil des Influencer Marketings. Die eigentliche Team-Lead-Position wurde trotzdem zwischen meinen Kolleginnen geteilt (nennen wir sie Team Lead 2 und Team Lead 3) und, wieso auch immer, kam zudem die Vorgesetzte des internationalen Influencer Marketings als Vorgesetzte dazu. Nennen wir sie Team Lead 4. Bitte fragt mich nicht, aber am Ende hatte ich vier Vorgesetzte.

Die Übergangsphase war so schlimm, dass ich teilweise nicht wusste, an wen ich mich jetzt wenden sollte. Ich dachte: Übergehe ich jetzt jemanden oder ist das doch der einfachste (vielleicht auch schnellste) Weg, meine benötigte Antwort zu kriegen? Es kam nicht selten vor, dass ich zwei- bis dreimal durch die Slack-Chats geschickt wurde, um immer wieder jemand Neuem meine Frage zu stellen. „Nein, da musst du jemand anderen fragen", hörte ich öfter.

SLACK

Das ist ein Kommunikationssystem. Falls ihr es nicht kennt – es ist Microsoft Teams ähnlich, und falls ihr das nicht kennt, no pressure, stellt euch WhatsApp vor, nur am Desktop.

Dieses „Durcheinander“ brachte Unsicherheit in die Strukturen und Verantwortlichkeiten – wir als Team wussten nicht, welche Person jetzt genau unsere Führungskraft war und welche Aufgaben- und Verantwortlichkeiten sie abdeckte. Ich kann es schwer in Worte fassen, aber die Führungsebene in meinem Bereich war so undefiniert definiert, wie ich es noch nie erlebt hatte. Sehr zeitintensiv. Mal wieder. Und dazu nervig. Dabei will ich doch eigentlich nur eins: Meinen Job machen.

Der erste wichtige Termin nach der Probezeit stand an. Mein Leveling-Termin. Ein Termin, der darüber bestimmt oder zumindest bei der Entscheidung helfen soll, ob man eine Position aufsteigt oder nicht. In meinem Fall vom Junior zum Regular, und ich konnte es kaum erwarten! Ich war so unfassbar motiviert und freute mich auf diesen Termin schon seit Wochen. Ich sah auf das vergangene Jahr zurück mit all seinen Höhen und Tiefen. Ja, es war teilweise wirklich eine harte Zeit und sicher nicht immer einfach gewesen, aber wo gibt es das schon? Alles Gute ist halt nie beisammen.

Zur Vorbereitung setzte ich mich sogar mit einer meiner engsten Kolleginnen zusammen, und wir arbeiteten gemeinsam aus, welche Argumentationen ich vorbringen konnte. Später half ich auch ihr! Sie saß zirka 500 Kilometer von mir entfernt auf der anderen Seite des Bildschirms und ich bei mir zu Hause. Es war ein grauer und regnerischer Oktobertag, und ich kann mich noch gut daran erinnern, wie wir beide an meiner Vorbereitung arbeiteten. Wir stellten uns einen Termin ein, setzten uns mit unseren Kaffeetassen und Snacks an den Schreibtisch und gingen das gemeinsame Jahr durch, kleine und größere Aufgaben, Projekte und Eigeninitiativen. Natürlich durfte auch ein gesundes

Maß an Selbstreflexion oder besser gesagt Kritik nicht fehlen. Dabei sprachen wir nicht nur über die eigentliche Vorbereitung auf meinen Termin, sondern auch über unsere allgemeine Stimmung. Wir beide waren schon mehr als ein halbes Jahr dabei. Ja, ich weiß, das klingt nach super wenig – mehr als sechs Monate –, aber in Start-ups läuft die Zeit einfach schneller als im Mittelstand oder in Konzernen. Wir sprachen ebenso über das „Wie", also wie ich meine Punkte argumentativ gut vorbringen konnte und behielten dabei auch die Persönlichkeit unserer Führungskraft, Team Lead 1, im Blick, denn meine Kolleginnen spürten auch, dass irgendwas anders war, dass sich die Stimmung allgemein veränderte und der Umgang mit einzelnen Teammitgliedern merkwürdig verlief.

Als ich mir dann die Liste mit all dem ansah, was ich umgesetzt oder vorangetrieben hatte, war ich richtig stolz auf mich. Sie führte mir vor Augen, was alles so passiert war. Teilweise hatte ich Dinge umgesetzt oder angefangen, die mir so banal vorkamen oder die ich selbst schon längst vergessen hatte. Ein „Nein, bist du verrückt? Das ist mega. Du hast das voll gut gemacht!" einer anderen Person hilft da sehr. Wie konnte ich glauben, dass ich nichts kann?!

Natürlich ist man nicht immer einer Meinung und natürlich laufen Dinge auch mal schief. Klar, dass es als Mitarbeitende nicht nur nach den eigenen Vorstellungen läuft und Kompromisse, wie im sonstigen Leben auch, auf der Tagesordnung stehen. Auch Justin, meinen Mann (ja, ich muss den jetzt hier mal reinwerfen), ließ ich darüber schauen. Da er selbst eine Führungskraft ist, half mir dieser Blickwinkel doppelt. Ich war wirklich stolz. Und sehr gut vorbereitet. Dachte ich zumindest.

EIN ABSOLUTER REINFALL

Bei diesem Termin werden einzelne Szenarien auf einer Skala von 1 bis 5 bewertet. Beispielsweise, wie selbstständig und eigeninitiativ Aufgaben umgesetzt wurden. Was ich vorher wusste, war, dass es quasi unmöglich sei, die volle Punktzahl von 100 zu erreichen, schließlich hat man immer irgendwo Entwicklungspotenziale. Mich selbst zu bewerten, fiel mir immer schon schwer, und ich glaube, da geht es vielen

nicht anders. Das hat ein bisschen was von der Selbsteinschätzung zum Schuljahresende. Hält man seine Leistung für zu gut und vermutet sie über der Einschätzung des Feedback-Gebenden, ist das für einen selbst ziemlich unangenehm. Und ja, was soll ich sagen, ich gehöre zu den Menschen, die sich eher schlechter einschätzen als zu gut. Nein, das ist kein Pick Me, sondern einfach ein Fakt.
Dieses Mal war es aber anders. Ich wusste, was ich gelernt hatte, und wusste auch durch Gespräche mit Kolleginnen, dass sie mich schätzten und ich keine Angst davor haben musste, mich „zu gut" zu bewerten. Sie vermittelten mir, dass ich einen tollen Job mache – und das sah ich genauso. Zum ersten Mal schätzte ich mich also ein bisschen besser ein, als ich es sonst, ohne diesen Funken Selbstvertrauen, getan hätte.
Meine Bewertung lag bei 92 Punkten. In meinen Augen erfüllte ich fast jede Aufgabe gut bis sehr gut. Was Team Lead 1 dachte? Anscheinend das genaue Gegenteil. 62 Punkte. 62. Und diese Zahl erfuhr ich nicht zu Beginn meines Termins. Sondern erst am Ende.
Da saß ich also im Meeting, vor meinem Laptop, und freute mich auf einen Termin, der mir den ersten Grundstein für eine Gehaltserhöhung oder ein Leveling bringen sollte. Ein Termin, der vorher unzählige Male verschoben und am Ende in eine Lücke im Kalender gequetscht wurde. Wochenlange Vorbereitungen lagen hinter mir, ich war nun so was von bereit. Team Lead 1 und Team Lead 2 führten das Gespräch (na ja, eher Team Lead 1). Wir gingen die Liste durch. Ich legte Argumente dar und brachte auch Praxisbeispiele mit, denn wie wir ja alle wissen, sind diese von hoher Bedeutung. „Ja, Joanne, na ja ...", so fing gefühlt jeder Satz an, den Team Lead 1 von sich gab. Ich gab mir teilweise 4 bis 5 Punkte und Team Lead 1 in der gleichen Situation eine 2. Wie unterschiedlich können Einschätzungen sein? So sehr, dass man meinen würde, wir hätten aneinander vorbeigearbeitet. Dabei war doch immer alles okay gewesen – bis auf die Zahlen, aber die hatten ja nichts mit meinen restlichen Aufgaben und Verhaltensweisen zu tun.
„Ja, also für die Bewertung braucht es noch dieses und jenes ..." – „Nee, das reicht leider nicht für diese Art der Bewertung aus." So ging es weiter. Irgendwann hatte ich das Gefühl, es war egal, was ich sagte. Wieder und wieder legte ich etwas vor, was danach unmittelbar widerlegt wur-

de. Ich saß da und kam mir dumm vor. So richtig dumm. Um ehrlich zu sein, glaube ich sogar, dass ich mich in meinem beruflichen Werdegang überhaupt noch nie so dumm gefühlt habe. Wie konnte ich so dermaßen danebenliegen? Ich fühlte mich schlecht, niedergeschmettert. Und Team Lead 1? Die behielt ihr freundliches Lächeln. Ich wusste, was am Ende dabei rauskommen würde. Wir rasten geradezu durch die letzten Bewertungen, weil die Zeit von Team Lead 1 knapper wurde. „Ich habe im Anschluss einen wichtigen Termin, deshalb lass uns ruhig schneller machen." In dem Moment war es mir sogar recht, weil ich es nicht mehr ertragen konnte, im Minutentakt eine für mich unerklärlich schlechte Bewertung zu erhalten.
Der Termin endete mit den fröhlichen Worten von Team Lead 1: „Ja, wie du siehst, Joanne, wir haben noch ein bisschen was zu tun! Ich freue mich aber sehr, dass wir das jetzt endlich geschafft haben." Müssten wir nicht darüber sprechen, wieso wir solche außergewöhnlichen Differenzen hatten? Nein? Okay. Cool.
Ich erzählte einer meiner engsten Kolleginnen, wie der Termin abgelaufen war und welche Bewertung ich am Ende erhalten hatte. Ihr Unverständnis war ihr förmlich ins Gesicht geschrieben: „Ich kann die Bewertung absolut nicht nachvollziehen. Ich hätte nicht damit gerechnet", sagte sie. „Vor allem verstehe ich die Kritik in einigen Bereichen überhaupt nicht. Ich finde sie teilweise sogar sehr unfair. Irgendwie schon ein bisschen merkwürdig ..."
Justin war derjenige, der mir hinterher sagte: „Du solltest nicht gelevelt werden und am Ende auch keine Gehaltserhöhung bekommen. Das ist der Grund." Irgendwie konnte ich das nicht so richtig glauben. Immerhin waren wir doch eine große Familie (Ironie aus).
Zeit bis zum Jahresendgespräch blieb nicht mehr viel, aber immer noch genug, um noch mal ordentlich Gas zu geben. Ich wollte so dringend daran glauben, dass, wenn ich die Zeit nutzte, ich sicher vieles aufholen würde und damit zeigen könnte, dass ich das Feedback ernst nahm und mir wirklich etwas an meinem Job lag. Eigentlich hatte ich das schon das ganze Jahr über getan, aber ich dachte: Vielleicht haben wir aneinander vorbeigeredet. Vielleicht ist da gerade viel Druck und Stress im Unternehmen, weshalb viele Dinge nicht so laufen, wie sie

laufen sollten. Das wird schon. Also nahm ich die Bewertung an und ging alles wieder und wieder durch, leitete aus Kritikpunkten Maßnahmen ab, wie ich mich in den einzelnen Feldern verbessern konnte, und setzte sie um. Parallel plante ich mit einer Kollegin einen weiteren Strategie-Workshop. Wir wussten, dass unsere ehemalige Vorgesetzte, Team Lead 1, nur noch zur Übergabe an Team Lead 2 und 3 Teil des Teams war und bald zu einhundert Prozent ihre neue Position wahrnehmen würde. Nur deshalb mischte sie hier und da immer mal wieder im Influencer Marketing mit. Wichtig war, dass wir uns als Team einig waren, wohin die Reise gehen sollte. In Richtung Strategiewechsel, nach wie vor. Und dieser Workshop war ein großes Ding, ich war mir so sicher, er würde gut bewertet werden.
Schließlich war es so weit. Das Jahresendgespräch stand vor der Tür. Auch hier hatte ich mich vorbereitet. Dieses Mal ein wenig anders. Eine Präsentation über mich selbst und die Leistungen des vergangenen Jahres. Natürlich fragte ich, was denn relevant für den Termin sei. Performance. Also Zahlen. Okay, kein Problem. Also, los geht's. Notizen aufrufen und das vergangene Jahr Stück für Stück Revue passieren lassen. Jede noch so kleine relevante Aufgabe schrieb ich auf und übte wieder und wieder meine Präsentation. Auch verglich ich meine Leistung mit Levelings und Gehaltserhöhungen von Kolleginnen, die schon länger dabei waren. So war ich auf der sicheren Seite, um mich nicht wieder vermeintlich zu überschätzen.

JAHRESENDGESPRÄCH IN 3 ... 2 ... 1

Der Termin fand mit Team Lead 1 und Team Lead 2 statt. „Ja, Joanne, dann leg mal los", sagte Team Lead 1, die nach wie vor federführend den Termin übernahm. Nach nicht mal drei Minuten wurde ich unterbrochen. Der Ton war anders. Strenger. Nicht mehr so freundlich. Das fühlte sich wirklich nicht gut an. „Wir sprechen ja heute über die Performance, und so richtig ist das hier nicht die Ausarbeitung deiner Performance."
Hä? Ich erklärte mich: „Ja, ich weiß, aber wir befinden uns doch im Jahresendgespräch, da wird doch jegliche Leistung beurteilt, oder nicht?"

„Nein, heute geht es nur um die zahlenbasierte Bewertung deiner Leistung."
Das, was ich vorbereitet hatte, reichte anscheinend nicht aus, obwohl ich vorher extra nachgefragt und mich in den Tiefen unserer Dokumentationen über die Vorbereitung für ein Jahresendgespräch informiert hatte. „Okay, dann tut mir das leid. Das ist dann mein Fehler. Ich kann aber sagen, dass die Vorbereitung dann dementsprechend nicht ausreicht."
Der Ton von Team Lead 1 wurde auf einmal freundlicher. „Ach, das ist doch kein Problem. Wir machen trotzdem weiter. Das kriegst du hin."
Eigentlich nicht, dachte ich und präsentierte weiter meine Vorbereitung. Währenddessen klopfte mein Herz so schnell, dass ich Probleme hatte, ruhig zu sprechen. Wieso reichte die Vorbereitung nicht aus? Wieso ging es heute nur um die reinen Zahlen? Es war doch ein Jahresendgespräch? Da betrachtete man doch alles, sowohl die persönliche Entwicklung als auch die erbrachte Leistung. Meine Zahlen waren wie im restlichen Team nicht gut genug. Wie sollte ich meine Gehaltsverhandlung noch rumreißen, ohne zu wirken wie der letzte Depp?
„Joanne, ich habe nicht so viel Zeit. Magst du dich bitte beeilen? Wir können ja selbst alles lesen." Dieser Satz wurde mir während meiner Präsentation mehrfach von Team Lead 1 entgegengeworfen. Die einzigen Dinge, die ich noch vortragen konnte, sollte ich überspringen, weil die Zeit zu knapp war? Wieso nahmen wir uns nicht Zeit für diesen Termin? Wieso wurde er so kurz vor dem Jahreswechsel umgesetzt? Wieso wurde ich so dermaßen unterpriorisiert?
„Joanne, ich muss gleich weiter, und es wäre toll, wenn Team Lead 2 noch schnell unsere Bewertung abgeben könnte." Team Lead 2 hörte die ganze Zeit zu, während Team Lead 1 den Termin führte. Und dann folgte die Bewertung.
Ich war gespannt und hatte gleichzeitig ein komisches Gefühl. Die Bewertung wurde nicht vorgetragen, sondern von Team Lead 2 runtergerattert, ohne dass wir in den Austausch gehen konnten (was Team Lead 2 aus meiner Perspektive tatsächlich unangenehm war). Meine Performance lag unter dem, was nach meiner Stundenanzahl notwendig gewesen wäre, mit der Berücksichtigung von eigenen Projekten.

Ich verstand die Berechnungen und auch, dass die Zahlen wichtig für uns als Team und für das Unternehmen an sich sind. Dennoch konnte ich nicht fassen, was ich gerade hörte und las. Neben der Bewertung meiner Führungskräfte hatten auch einige meiner Kolleginnen eine Bewertung über mich abgeben müssen, die zwischendrin eingeworfen wurden. Diese drei positiven Bewertungen nahmen aber keinen Einfluss auf die Bewertung von Team Lead 1. Die Kommunikation von Team Lead 1 war nur kalt und unangenehm.

Dann folgte ein zwanzigminütiger Monolog seitens Team Lead 1, und zwar darüber, wie schlecht ich sei. Ich merkte, wie mein Hals anfing zu kratzen und wie mein Herz immer schneller schlug. Mittlerweile war es draußen dunkel geworden und meine auf dem Tisch brennende Kerze kaschierte mein rot werdendes Gesicht.

„Du redest immer davon, du wärst teamfähig und würdest teamorientiert arbeiten, aber deine Zahlen sagen etwas anderes. Du zeigst nicht das nötige Engagement. Ich habe auch das Gefühl, du bist viel weniger motiviert als am Anfang.“ Minute um Minute verging. Hier hatte ich nicht schnell genug gehandelt, da nicht gut genug nachgearbeitet. Das Projekt war zu klein und nicht ausreichend genug. „Wirklich etwas gebracht hat es ja nicht!“ Ich kam mir vor wie in einem schlechten Film. Ich hörte ihre Stimme so klar, als würde sie vor mir sitzen, und trotzdem dachte ich, dass ich mich verhört haben musste. Dieser Monolog wollte kein Ende nehmen. Ich saß da und konnte nicht einmal reagieren. Team Lead 2 sagte ebenfalls nichts, es musste ihr mindestens genauso unangenehm gewesen sein wie mir.

„Wie du ja selbst siehst, ist es ganz offensichtlich, dass wir dir unter den Umständen keine Gehaltserhöhung geben können.“ Die Situation war nur absurd. Ein Mix aus „Ich hab‘s gewusst“ und „Wo kommt das jetzt auf einmal her?“. Während Team Lead 1 ohne Punkt und Komma sprach, dachte ich: Wie kommt sie zu dem Ergebnis, obwohl ich vorher nicht einmal das Wort „Gehaltserhöhung“ erwähnt hatte? Am Ende bestätigte sich genau das, was Justin mir zwar vor ein paar Wochen vorausgesagt hatte, ich aber nicht hatte wahrhaben wollen. Ihr glaubt, das war schon alles? Nein. Der Monolog endete nicht mit dieser Aussage, sondern nahm erst richtig Fahrt auf.

„Und ja, du hast dein Projekt, die Strategie zu optimieren, aber du weißt, Joanne, wir sind ein Start-up und müssen uns an unsere Ziele halten. Hier läuft das anders als im Mittelstand. Vielleicht nimmst du das alles nicht ernst genug. Jeder gibt hier sein Bestes! Vielleicht wärst du in einem Konzern besser aufgehoben, dort hat man nämlich mehr Budget und mehr Freiheiten, dort kann man auch mehr auf Branding setzen."
Und ich merkte, wie meine Enttäuschung immer mehr in Wut umschwang. Ich empfand Wut darüber, wie man mit mir redete. Darüber, wie meine ganze Arbeit, meine Energie und meine Zeit förmlich mit Füßen getreten wurden. Wie *ich* mit Füßen getreten wurde, und das mit einem zu hohen Maß an Arroganz. Und das war nun der Dank? Der Dank für alle Mühen?
Dennoch suchte ich den Fehler bei mir. Schon wieder. Ich versuchte, Erklärungen dafür zu finden, wieso mir das alles passierte und was ich hätte anders, besser machen können. War ich doch nicht so gut, wie ich dachte? Vielleicht hatte ich ein komplett falsches Selbstbild von mir? Vielleicht dachte ich die ganze Zeit nur, ich bin gut in dem, was ich mache. Vielleicht war einfach nie jemand ehrlich zu mir gewesen. Vielleicht hatte ich mich in den Gesprächen mit meinen Freundinnen unbewusst besser dargestellt, als ich war. Vielleicht war ich nicht reflektiert genug gewesen und zu engstirnig. Vielleicht hatte ich mich zu sehr auf etwas versteift, was niemals hätte funktionieren können.
Ich lag falsch. Ich hatte gedacht, ich könnte es schaffen, aber ich war noch nicht so weit. Ich hatte kein abgeschlossenes Studium, sondern war mittendrin. Vielleicht hatte ich in meinem letzten Job doch nicht so viel gelernt. Vielleicht hatte mich der letzte Job doch nicht so entwickelt, wie ich angenommen hatte. Was dachten die Kolleginnen wirklich von mir? Womöglich schlugen sie insgeheim die Hände über dem Kopf zusammen und waren der Ansicht, ich sei naiv und arrogant zu glauben, ich sei so gut, wie sie es sind, obwohl sie schon viel länger dabei waren. Vielleicht waren meine Gedankenanstöße und Meinungen in den Meetings nur nervig gewesen. Vielleicht hätte ich leise sein sollen. Vielleicht hätte ich noch besser kommunizieren können, was mich beschäftigt. Aber habe ich das nicht getan? Habe ich nicht oft genug erwähnt, was in meinem Kopf passiert? In was für einem Zwiespalt ich

steckte, so wie alle anderen? Aber empfanden sie eventuell gar keinen Zwiespalt? Vielleicht war ich die Einzige aus dem Team, die das so sah. Und womöglich war meine Arbeitsmoral gar nicht so hoch, wie ich annahm, und ich hatte mich nur dämlich angestellt. Wie dumm war ich, zu glauben, dass ich so schnell eine Gehaltserhöhung bekommen würde? Geschweige denn, eine Position aufsteige? Gott, wie peinlich waren mir all die Meetings, die durch meinen Kopf gingen …
Und während ich meine Leistungen und vor allem mich selbst hinterfragte – der Monolog war noch nicht zu Ende, keine Sorge, ich habe parallel zugehört –, fiel mir auf, dass in diesem Meeting kein einziges positives Feedback gegeben wurde, kein: „Das hast du dieses Jahr gut gemacht!" Aber sollte ein Feedback-Gespräch nicht anders ablaufen? Ich hatte vorher doch auch vieles richtig gemacht. Mal abgesehen davon, dass ein Feedback-Gespräch kein Monolog ist.

„Vielleicht ist dir das auch alles zu viel, Joanne. Das Studium, als Influencerin ‚arbeiten' und dann noch der Job hier. Vielleicht solltest du dir überlegen, ob das hier noch das Richtige für dich ist." Warte, was? „Ich würde sagen, du überlegst dir, wie es für dich weitergehen soll, und dann kannst du nächste Woche noch mal mit Team Lead 2 darüber sprechen. Was meinst du?"
Da war er, der Klick-Moment, wie ich ihn heute gerne nenne. Ich merkte, wie sich meine Selbstzweifel auf einmal verwandelten. Aus Enttäuschung, Trauer und Wut wurde ein selbstbewusstes Denken. Das kratzige Gefühl in meinem Hals, das ein erstes Anzeichen dafür war, dass ich jeden Moment losheulen könnte, verschwand. Meine Stimmung und Mimik veränderten sich. War das gerade wirklich passiert?
Mein Privatleben war nicht das Problem. Ganz im Gegenteil. Das Studium und mein Hobby als Influencerin hatten längst keine Priorität mehr gehabt, sondern der Job hier. Der Job war das, was mir am meisten Zeit stahl – im Privatleben. Meine Antwort auf die Frage von Team Lead 1 war so klar und zugleich noch nie so unwahr. „Ja. Gerne."
Ich wusste: Egal, was ich jetzt sagen würde, egal, welche Beispiele, Argumente und Formulierungen ich anbringen würde, egal, wie sehr ich versuchen würde, für mich einzustehen – es würde nichts bringen. Es

würde rüberkommen, als würde ich mit Kritik, die offensichtlich keine mehr war, nicht umgehen können. Ich wäre zickig, ja, vielleicht sogar frech. Ich wäre unreif, noch zu jung (obwohl meine Leads nicht viel älter waren). Ich hatte ja nicht mal einen Bachelor, also was bildete ich mir ein? Ich entschied mich bewusst für eine Zustimmung, die keine war, und über den Bildschirm erreichte mich ein fröhliches Lächeln. „Wie schön. Dann macht doch gerne mal einen Termin aus. Meldest du dich dann bei Team Lead 2? Super. Dann hab einen schönen Feierabend!"

DIE MAGIE DES KLICK-MOMENTS

Der Klick-Moment. Der Moment, in dem ich wusste, dass egal, welche Bemühungen ich noch unternehmen würde – es würde nichts mehr bringen. Für mich stand fest: Es sollte nicht nur keine Gehaltserhöhung geben – nein. Ich sollte kündigen.
Ich war es so leid. Ich war es leid, dass ich wieder und wieder versucht hatte, mir jede Situation zu erklären oder schönzureden. Ich war es leid, dass ich ständig gedacht hatte, irgendwann würde es mal besser werden, es stattdessen aber immer schlimmer wurde. So schlimm, dass persönliche Grenzen überschritten wurden. Ich war es leid, dass ich versuchte, jede mir hierarchisch übergeordnete Person zu verteidigen, mich in sie hineinzuversetzen, zu verstehen, wie stressig ihr Job war. Doch vor allem war ich es leid, wie klein und schlecht ich mich selbst machte und wie viel Wert ich auf die Meinung anderer legte. Etwa die von meiner Führungskraft, Team Lead 1, die mich die letzten Monate behandelt hatte, als wäre ich für sie nur eine Studentin, die gar nicht wüsste, was sie da eigentlich redete. Ich war so in meinem Game, nichts zu pauschalisieren und alles von allen Seiten betrachten zu wollen, dass ich vergaß, realistisch zu bleiben. Ehrlich gesagt: Ich hatte Angst vor diesem Schritt. Ich wollte mein Weltbild nicht zerstören, eines, das darauf aufbaute, Momente wie diese würden mir niemals passieren. Ich dachte: Immerhin weiß ich doch, wie ich bin. Wie ich denke, welche Arbeitsmoral ich habe. Und nach dem Termin? Ich weinte. Kaum war der Laptop zugeklappt, liefen die Tränen von alleine, so stark, dass ich nicht mehr aufhören konnte. Ich weinte nicht, weil ich traurig war, sondern weil ich dieses

Getue, einerseits überfreundlich, andererseits abwertend, dazu diese offensichtliche Unfairness und fehlende Logik, nicht ertragen konnte. Ich weinte, weil ich wütend war. Auf meine Führungskräfte, auf die Strukturen in meinem Job, darüber wie toll alles nach außen hin beworben wurde, wie cool und offen man sich überall präsentierte. Und ich war über mich selbst wütend. Warum? Weil ich wortwörtlich nicht die Eier hatte, etwas dagegen zu sagen. Ich war wütend auf mich, weil ich weinte.

Was ich tat? Nichts. Ich meldete mich nicht. Ich wartete. Und sie kam – die Einladung zu einem neuen Gespräch, in dem wir über die nächsten Schritte sprechen sollten. Welche Schritte eigentlich?, überlegte ich. Glaubt Team Lead 1 wirklich, dass ich so dämlich bin und auf diese „Ich meine es ja nur gut"-Nummer reinfallen und ich von alleine kündigen würde? Sicher nicht. Für diesen Gedanken hasste ich mich sogar für einen Augenblick, weil ich kein Mensch bin, der Dinge aus Prinzip macht. Dafür ist mir meine Energie und Zeit einfach zu schade.

VOR ALLEM
WAR ICH ES
LEID, WIE
KLEIN UND
SCHLECHT ICH
MICH SELBST
MACHTE.

SCHEINBAR NEHME ICH NICHTS ERNST

Der Termin verlief ruhig. Immerhin war Team Lead 2 eine ehemalige Kollegin, mit der ich mich immer gut verstanden hatte. Sie war die Einzige, die ich noch in Schutz nahm, auch wenn ich wusste, dass sie sich für diese Position bewusst entschieden hatte und ihr klar sein musste, dass diese mit Verantwortung gegenüber den Mitarbeitenden einherging.

Ich wurde nach meinen nächsten Schritten gefragt. „Ja", antwortete ich, „ich werde weiterhin mein Bestes geben. So wie vorher auch." Der Termin endete. Noch am selben Tag hatte ich einen zweiten Termin, in dem mir Team Lead 2 erklärte, dass – Achtung, jetzt wird's richtig spicy – Team Lead 4 (Führungskraft des internationalen Teams) nach dem Bericht darüber, was ich weiter plane, laut geworden sei. WHAT? Laut geworden? Die Mimik und Gestik von Team Lead 2 verrieten mir, dass es kein schönes Gespräch gewesen war, auch wenn sie das nicht zeigen wollte.

„Team Lead 4 meinte, dass deine Aussage, du würdest dein Bestes geben wollen, ihr nicht reiche. Sie möchte, dass du jeden Tag einen Bericht an mich lieferst, was du alles geschafft hast. Dir werden deine Projekte entzogen. Du sollst dich nur noch auf das Tagesgeschäft konzentrieren." Wie jetzt? Erst machte ich nicht genug Projekte auf einmal, ohne an die Wichtigkeit und an den Mehrwert zu denken, weil Quantität ja bekanntlich wichtiger sei als Qualität (Ironie off), und dann wurde ich von all dem abgezogen. „Okay", sagte ich. Und so saß ich da. Vor meinem Laptop. Machte das Tagesgeschäft und mehr eben nicht. Ich arbeitete einfach nur noch Aufgaben ab. Meine Ziele, die mir vorgegeben wurden, waren unmöglich zu erreichen, und das wusste ich auch. Überstunden kamen nicht mehr infrage, ich hielt mich strickt an die Arbeitszeiten. In Meetings sagte ich nichts mehr, weil ich keinen Bock mehr auf das „Gegen-die-Wand-Sprechen" hatte. Mein Monat sah trotzdem super aus, und ich dachte: Jetzt kann niemand mehr was Schlechtes sagen. Ich werde die Ziele tatsächlich doch erreichen. Und dann? Dann kam das, was mir den Boden so dermaßen unter den Füßen wegzog, dass ich wirklich nicht mehr klarkam.

Dienstagabend, Mitte des Monats, kurz vor Feierabend. Team Lead 2 schrieb mir: „Magst du mir deine Dokumentation zur Planung des Monats schicken?" Klar. Antwort: „Joanne, darf ich dich fragen, wieso du diesen Monat noch keine Kooperationen umgesetzt hast?" Klar. „Ja, die Kampagne startet ja erst in eineinhalb Wochen, und vorher schon Budget auszugeben macht dann ja keinen Sinn." Kleine Randnotiz: Das ist logisch, denn wenn man effizient mit dem Budget haushalten und Ziele erreichen soll, legt man Kooperationen natürlich in die Zeitspanne, in der die Wahrscheinlichkeit einer guten Performance am höchsten ist.

Nächster Tag. Tägliches Meeting (besser gesagt: „Kontrolle") mit Team Lead 2. Dieses Mal waren wir zu dritt. Team Lead 4 war auch dabei, und das konnte nichts Gutes bedeuten. Team Lead 4 stellte mir die gleichen Fragen wie Team Lead 2 am Abend zuvor, und ich gab die gleichen logischen Antworten. Darauf folgte: „Joanne. Du nimmst das hier alles nicht ernst. Du hast ja noch nichts umgesetzt." Ich antwortete wieder mit dem Argument: „Die Kampagne startet ja auch erst Ende des Monats, und ich möchte natürlich die Ziele bestmöglich erreichen. Wir planen immer Kooperationen in den Kampagnenzeiträumen, und ihr könnt laut meiner Monatsplanung auch nachvollziehen, wie die Performance ungefähr am Ende aussieht." Ohne darauf einzugehen, wurde mir direkt gesagt: „Du wirst ab morgen in den Kundenservice versetzt. Du nimmst deinen Job hier nicht ernst."

Versetzt? Ich konnte nicht glauben, dass das gerade ausgesprochen wurde. Ich wollte wissen, auf welcher Grundlage das entschieden wurde, und wieder erhielt ich eine Antwort, die keine war. Es wurde ein Grund gesucht, und mein Bauchgefühl, mich loswerden zu wollen, egal wie unlogisch die Begründungen dafür waren, bestätigte sich. Parallel schrieb ich bereits einer meiner engsten Kolleginnen: „Ich bin raus. Ich werde versetzt." Es war eine automatische Reaktion. „Du kannst dir das gerne durch den Kopf gehen lassen, ob du das Angebot annehmen möchtest oder nicht. Wir sprechen dann in zwei Stunden noch mal. Ach, und wegen des Teams. Wir können ja sagen, dass es eine gemeinsame Entscheidung war", fuhr Team Lead 4 fort. Ich merkte, wie mein Hals erneut kratzte. Ich merkte, wie zittrig meine Stimme wurde, und am liebsten hätte ich in diesem Moment so viele Dinge sagen wollen, aber ich tat es nicht. Ich wusste zwar, dass es sowieso egal gewesen wäre, aber ich atmete gedanklich tief durch. Ich wollte mich nicht selbst verlieren. Also beendeten wir das Meeting.

Ich ging es durch. Das Meeting. Die letzten Wochen und Monate. Hätte ich das Angebot nicht angenommen, wäre ich automatisch gekündigt worden. Die Versetzung war immerhin „betrieblich notwendig". Wie konnte sich innerhalb eines Jahres etwas so schnell drehen? Eine gemeinsame Entscheidung? Auf gar keinen Fall. Meine Stimmung veränderte sich. Ich hatte das Gefühl, dass meine sonst so vorsichtige und bedachte Selbstkontrolle in gewissen Punkten nachließ. Als hätte jemand einen Schalter umgelegt, von „Die arme kleine Maus" zu „Nicht mit mir". Als hätte ich Selbstvertrauen verloren und gleichzeitig gewonnen.

Kurz vor dem Teammeeting trudelte noch eine Nachricht von Team Lead 2 ein. „Weißt du schon, wie du die Versetzung gleich kommunizieren möchtest?" Ich antwortete: „Ja." Das Teammeeting begann und nachdem alle anderen Themen besprochen waren, sagte Team Lead 2: „Joanne hat uns noch was zu sagen." Ich wusste genau, was ich sagen wollte. Ich erzählte, dass ich morgen das Team verlassen müsse und in den Kundenservice wechseln werde. „Ich habe keine andere Möglichkeit. Ich habe es selbst erst heute Morgen erfahren. Entweder ich nehme diese Position an, oder ich muss ganz gehen. Ich möchte nur, dass ihr wisst, dass ich das nicht möchte! Es war keine gemeinsame Entscheidung. Es wurde entschieden!" Ich war stolz, dass ich genau das gesagt hatte, was ich sagen wollte, auch, wenn ich dabei meine Tränen nicht mehr zurückhalten konnte. Es war einfach das reinste Gefühlschaos. Was ich nicht wusste, war, dass nicht mal 15 Minuten vorher Team Lead 4 und Team Lead 2 einen Termin mit meinem Team abgehalten hatten, in dem sie erklärten, dass meine Versetzung eine gemeinsame Entscheidung gewesen war.

Ja, richtig gehört. Genau das hatten sie getan, und zwar ohne mein Wissen. Die Stimmung zwischen Team und Führungskräften wurde nach meiner Erklärung ziemlich schnell ziemlich kühl, weil keiner verstand, wie so eine Situation überhaupt zustande kommen konnte. Manche waren so geschockt, dass sie eine vorzeitige Mittagspause ein-

legten und offline gingen. Es kam für alle aus dem Nichts, auch, dass zwei verschiedene Storys erzählt wurden. Das „heile Bild" des Arbeitgebenden brach nicht nur für mich, sondern auch für mein Team zusammen.
Dann stand der Termin meiner Entscheidung an, und die Tatsache, dass sich meine Führungskräfte selbst so dermaßen reingeritten hatten, gab mir das nötige Selbstvertrauen und ein gesundes Maß an Genugtuung für das, was folgte.
„Na, Joanne? Geht es dir denn gut? Das war bestimmt auch ein Schock für dich, oder? Wie hast du dich denn entschieden?", fragte mich nun Team Lead 4. Ich lächelte nur und ließ mich von diesem erneuten Versuch, mich unter Druck zu setzen, nicht aus der Fassung bringen. Sie hatten es nicht mit einem dummen jungen Mädchen zu tun, und ich wollte, dass sie das wissen.
„Bevor ich mich zur angebotenen Position äußere, würde ich gerne Folgendes sagen: Ich weiß genau, was hier seit Monaten gespielt wird. Man möchte mich loswerden." Team Lead 4 versuchte mich zu unterbrechen, aber ich redete einfach weiter, denn mir war klar, dass ansonsten ein riesiger Schwall an irgendwelchen Ausreden und „Wir sind doch eine Familie"-Gerede auf mich einprasseln würde. „Auch finde ich es absolut ekelhaft, dass ihr vor dem Teammeeting noch einen Extratermin veranstaltet habt, ohne mein Wissen, und behauptet habt, es wäre eine gemeinsame Entscheidung gewesen." Diese Gesichter. Ich hatte sowas von ins Schwarze getroffen. Wisst ihr, was das Schönste war? Mein Hals kratzte nicht. Meine Stimme zitterte nicht. „Ich frage mich wirklich, ob ihr euch nicht für das alles hier schämt. Was hier passiert, ist dermaßen unter der Gürtellinie, und das wisst ihr auch." Bla, bla. „Nein, wir wollen dich doch nicht loswerden." Bla, bla. „Wir wollten das Team nur auffangen, weil das so eine besondere Situation ist." Bla, bla.
Ich nahm den Job an. Ich konnte mich weder von meinem Team richtig verabschieden, weder eine ordentliche Übergabe vorbereiten, noch konnte ich mich von meinen Kooperationspartnern verabschieden. Ich wurde ohne Ankündigung aus unseren Slack-Channels (Team-Chats) geworfen. Von jetzt auf gleich. Ich hatte keinen Zugriff mehr auf unsere Systeme und auf die Daten. Ich konnte keine Zahlen mehr einsehen,

nichts. Es hätte mir egal sein können, aber die Art und Weise, wie es endete, machte mich innerlich fertig.
Mein Mindset war stärker geworden, aber mein Körper sagte was anderes. Ich ging zu meiner Ärztin und erzählte ihr alles, auch von meiner Angst, weggeschickt zu werden. Krank durch den Job mit 26. Das glaubt dir keiner, so dachte ich. Ich wurde eines Besseren belehrt. Meine Ärztin schrieb mich krank. So lange, bis ich meine Kündigung einreichte, meinen Resturlaub nach vielen Diskussionen doch noch bekam, statt dass er ausgezahlt wurde. Am Ende musste ich nur noch drei Tage arbeiten.
Und dazwischen? Da hatte ich ein Gespräch mit dem Geschäftsführer. Anscheinend war das Thema doch ein wenig hochgekocht. Komisch. Wieso nur? Was ich bekam, war erst mal eine kleine Rede über das Unternehmen, über die wirtschaftliche Situation im Land und wie schwierig es gerade sei. Er zählte Beispiele auf, welche Unternehmen gerade Leute entlassen mussten. „Uns sind unsere Mitarbeitenden wirklich wichtig, Joanne. Wir möchten niemanden einfach entlassen. Ich habe mit Team Lead 4 und Team Lead 2 gesprochen, und sie haben sich so für dich eingesetzt. Du bist ja auch noch im Studium und wirklich auf den Job angewiesen. Deshalb wollten wir dich unbedingt halten. Das ist ein wertschätzendes Angebot, dass wir dich woandershin versetzten."
Ist das jetzt doof, dass ich in dem Moment einen kleinen Lacher hervorbrachte? „Wertschätzung?", sagte ich. „Alles, aber bitte reden wir nicht über Wertschätzung."
„Wieso ist das für dich keine Wertschätzung?"
Ich erklärte, dass Wertschätzung mehr sei, als die eigenen Mitarbeitenden anhand von Zahlen zu bewerten, aufsteigen zu lassen oder nicht. Ich sagte, jede Person in diesem Unternehmen bringe mehr mit als reine Zahlen. Erfahrung, Kenntnisse, Arbeitsmoral, Motivation, Eigeninitiative, eine Menge Überstunden und und und ... Dann kamen noch ein paar Sätze, dass ihm alles so sehr leidtäte, wie das ja gelaufen sei. Auf meine Kritik an einzelnen Personen einschließlich des jeweiligen Führungsstils folgte nur: „Ja, wir sind alle nur Menschen. Wir machen alle Fehler, und deine Führungskräfte haben halt viel Stress." Okay, danke. Mir war vorher klar gewesen, dass dieses Gespräch nichts brin-

gen würde. Dass sich alle, die von Anfang an dabei waren, eh nur gegenseitig in Schutz nehmen und Feedback von anderen niemals ankommen würde. Gegen den „Kern", wie ich ihn gerne nenne, kam ich einfach nicht an.
Und jetzt fragt ihr euch, wieso ich das alles überhaupt mitgemacht habe. Zu Recht übrigens, vor allem, weil ich ja sagte, ich sei keine Person, die Dinge aus Prinzip machen würde. Ja, hier habe ich eine Ausnahme gemacht. Warum? Weil ich wusste, dass das Einzige, was sie nicht wollten, war, dass ich bleibe. Ich hatte eine besondere und privilegierte Ausgangsposition. Mein Job als Influencerin ließ mich nicht komplett vor dem Nichts stehen, und genau das war es, was mich darin bestärkte. Was wäre, wenn ich diesen Job nicht gehabt hätte? Was, wenn ich ausschließlich Bachelor-Studentin gewesen wäre? Mitten im Studium, ohne zweite Einnahmequelle?
Ich wurde so wütend darüber, dass man bei anderen in solchen Situationen so viel Schaden anrichten konnte, und mir ging es schon nicht gut. Täglich Magenschmerzen, die ich erst nicht zuordnen konnte. Bei denen ich Lebensmittel wegließ, weil ich dachte, ich hätte eine Unverträglichkeit. Teilweise aß ich nur noch wenig. Schlechter Schlaf. Kaum Energie. Schwankende Stimmungen. Und all das, obwohl mir schon vor einiger Zeit bewusst geworden war, das ich keine Zukunft in diesem Unternehmen haben würde. Wie hätte das bei anderen ausgesehen? Wahrscheinlich noch viel schlimmer.
Ich konnte mich nicht verabschieden, und ich wurde auch nicht verabschiedet. Mein letzter Tag fand im Zug statt. Vielleicht kennen einige das Video. Ja, genau das war der Moment. Ich saß auf meinem Platz, schrieb meinen engsten Kolleginnen, dass ich dankbar für die Zeit sei und dass ich diese nicht vergessen werde. Ich war so traurig darüber, wie es gekommen war und gleichzeitig auch glücklich. Ich klappte den Laptop zu, und das war's. Es ist vorbei.
Tja, Leute, das war meine Geschichte. Irgendwie ist sie länger geworden als gedacht, aber wir sind ja hier unter uns. Ich rede beziehungsweise schreibe einfach gerne.
Aber wie sieht es denn bei euch aus? Wie fühlt ihr euch, wenn ihr an euren Job denkt?

Wie geht es dir gerade?

Wo stehst du gerade im Berufsleben?

Hast du ein berufliches Ziel? Eine Traumvorstellung?
(Falls nicht, no pressure)

Wie fühlst du dich, wenn du an deinen Job denkst?

Fühlst du dich in deinem Job mehr gut als schlecht?

Wenn es dir nicht gut geht: Wie sehr nimmt die negative Gefühlslage dein Leben ein?

☐ täglich ☐ 2–3 Tage die Woche ☐ 1 x die Woche

Warum geht es dir in deinem Job nicht gut?

Was fehlt dir in deinem Job?

Wenn es dir gut geht, was magst du an deinem Job?

Wie zufrieden bist du gerade?

IM GESPRÄCH MIT JUSTIN

Woran hast du gemerkt, dass sich meine berufliche Situation negativ entwickelt?

Zunächst daran, dass du nach Feierabend immer öfter eine schlechte Stimmung hattest und auch weniger euphorisch von der Arbeit gesprochen hast, während du gerade zu Beginn immer sehr begeistert davon erzählt hast, was du so tust und was so bei dir im Team los ist. Das hat mehr und mehr abgenommen. Im Prinzip wurde die Stimmung schlechter und schlechter, wenn es bei dir um das Thema Arbeit ging.

Könntest du die emotionale Sichtweise auf meine Situation gut von der rationalen/objektiven Einschätzung trennen? Und wenn ja, wie?

Natürlich bin ich ein wenig voreingenommen, weil ich mit dir in einer Beziehung lebe. Andererseits kann ich aufgrund meiner eigenen Position als Führungskraft ganz gut einschätzen, wo es vielleicht Grenzüberschreitungen gab und wo vielleicht auch nicht. Ich denke aber, dass es jedem, unabhängig davon, ob man jetzt Führungskraft ist oder nicht, allein durch die emotionale Distanz zu der Situation möglich ist, zu helfen, eine andere Perspektive einzunehmen.

Wo war für dich der Punkt, an dem dir klar wurde, welche Tragweite meine Situation wirklich für mich hatte?

Allerspätestens, als die gesundheitlichen Auswirkungen dazukamen. Da war für mich klar, okay, gut, da muss sich wirklich irgendwas ändern, das kann so nicht weitergehen.

Du hast mir dabei geholfen, meine Situation objektiver einzuschätzen. Wie hast du das eigentlich hingekriegt?

Ich habe unter anderem versucht, dir gezielt Fragen zu stellen, die dich dabei unterstützen, eine andere Perspektive einzunehmen, um dir so ein umfassenderes Bild abseits deiner eigenen Meinung und Position bilden zu können.

Mal ganz ehrlich, hast du manchmal, besonders am Anfang, auch gedacht, dass ich mich einfach ein bisschen anstelle?

Ich würde es nicht als „sich anstellen" bezeichnen, sondern eher als: „Okay, das ist eine Phase, wo es mal nicht so läuft. Das wird wieder."

Ich hatte vor dem Job ja noch einen anderen Job. Findest du, die Situationen im Zeitraum vor und bis zur Kündigung haben sich jeweils stark voneinander unterschieden?

Du hast durch die Erfahrung im ersten Job und das damit verbundene Selbstvertrauen, was du dir aufgebaut hast, wesentlich souveräner reagieren können, als du es im ersten Job gekonnt hättest. Du hast auch für dich schneller die Entscheidung getroffen: „Okay, ich muss was ändern und muss mir das vor allem auch nicht gefallen lassen, was hier passiert." Außerdem hast du erkannt, dass du die Möglichkeit hast, dir jederzeit etwas Neues zu suchen. Das fiel dir im ersten Job wesentlich schwerer.

Was hilft deiner Meinung nach dabei, andere in solchen Situationen zu unterstützen?

Das Wichtigste ist meiner Meinung nach: zuhören. Sich Zeit zu nehmen und zu sagen: „Erzähl mir von deiner Situation oder erzähl mir von dem, was da passiert.“ So gibt man dem anderen eine Möglichkeit, diesen emotionalen Ballast ein bisschen loszuwerden. Außerdem ermöglicht allein das Nacherzählen von Situationen, das alles noch mal zu reflektieren: Was ist da eigentlich passiert? Wenn man dann im Optimalfall vielleicht noch die eine oder andere Fragestellung mitgeben kann und so hilft, dass der andere eine andere Perspektive gewinnt, ist das sicher eine gute Stütze.

DAS
WICHTIGSTE
IST MEINER
MEINUNG NACH:
ZUHÖREN.

– JUSTIN

MEINE FÜHRUNGSKRAFT IST KEIN BESSERER MENSCH ALS ICH

Also, das war meine Geschichte, und nachdem ich das jetzt so runtergerattert habe, muss ich selbst einmal ganz kurz durchatmen.
Manchmal merkt man erst, wie sehr einen etwas belastet hat, wenn es vorbei ist. Komisch eigentlich, oder? Mittendrin denkt man sich immer: Ach ja, komm. So schlimm ist es ja doch nicht. Und im Nachgang fragt man sich, wieso man es nicht früher gemerkt hat.
Genau dafür sind die Reflexionsfragen da. Vielleicht haben euch diese dabei geholfen, genau diesen „Ich merke es erst, wenn es zu spät ist"-Moment vorzuziehen, zu überlegen, wo ihr euch gerade befindet, wie eure Gefühlslage ist und ob es besser wäre, über neue Wege einfach mal nachzudenken.
Manchmal tut Abstand bekanntlich gut, und genau aus diesem Grund lassen wir die Antworten auf die Reflexionsfragen erst mal kurz hier ruhen.

VOM START-UP ZUM KONZERN

Wie ihr im ersten Kapitel lesen konntet, habe ich in meiner bisherigen beruflichen Laufbahn in zwei (nahe der drei) verschiedenen Unternehmensstrukturen gearbeitet. Angefangen habe ich mit der Ausbildung in einem mittelständischen Unternehmen, das zu einem Konzern gehörte. Anschließend ging es weiter in ein anderes mittelständisches Unternehmen, bis ich bei einem Start-up gelandet bin. Ich glaube, ich finde es cool, an dieser Stelle einmal genauer darauf einzugehen, was eigentlich die Unterschiede sind – insbesondere was die Führungsstrukturen und verschiedene Führungsstile angeht. Das ist nämlich eine Sache, die oft unterschätzt wird, denn unser unternehmerisches Umfeld mit den eigenen Strukturen nimmt natürlich auch Einfluss darauf, wie geführt wird.

Start-ups. Jung, dynamisch, neu und modern. Das wären Begriffe, die ich mit einem Start-up auf jeden Fall in Verbindung bringen würde. Vielleicht noch: „Einfach mal machen." Start-ups sind junge Unternehmen, die noch ganz am Anfang ihrer hoffentlich langen Reise stehen. Eine Geschäftsidee, die noch nicht wirklich etabliert ist und sich erst am Markt beweisen muss. Start-ups verfügen in der Regel über ein begrenztes Budget, weshalb sie häufig früher oder später auf Investoren angewiesen sind.
Vielleicht kann man es schon ahnen: Bei einem Start-up baut sich ein Unternehmen erst einmal auf mit alldem, was dazugehört, wie beispielsweise eine Unternehmensstruktur: Bereiche, Abteilungen, Teams, die Mitarbeitende benötigen, und, genau, Führungskräfte.

Der Mittelstand. Für diesen gibt es nicht wirklich eine allgemeingültige Definition. Hier geben verschiedene Zahlen und Fakten, wie etwa der Umsatz und die Anzahl der Beschäftigten, einen Rahmen dafür, ob ein Unternehmen zum Mittelstand gezählt werden kann oder nicht. Aber auch die Geschäftsführung selbst trägt zur Einordnung bei, besteht diese noch zum Teil aus den Gründerinnen und Gründern. Und wie schaut es aus mit der Haftung? Mittelständische Unternehmer haften persönlich, weshalb sie in der Regel mit Investitionen und Risiken anders umgehen. Der Mittelstand ist, wie der Name verrät, die goldene Mitte und bedient ein sehr breites Feld an Berufen und Branchen. Ein Mix aus einem älteren, etablierten Start-up und einem Konzern (sicher nicht ganz so bürokratisch, aber dazu kommen wir jetzt).

Konzerne. Ich weiß gar nicht wieso, aber jedes Mal, wenn ich an Konzerne denke, muss ich schmunzeln. Vielleicht liegt es daran, dass ich diese Unternehmensstruktur oft mit dem Mittelstand und Start-ups vergleiche, gerade wenn es um die Zusammenarbeit mit Influencern

geht. Auch aus Erzählungen von Freundinnen höre ich immer eins: „Ein Konzern nimmt sich selbst ziemlich ernst." Konzerne sind in der Regel schon sehr lange am Markt, manchmal sogar länger, als wir alt sind, und den Erfolg, den sie haben, den möchten sie natürlich möglichst lange halten. Konzerne zeichnen sich beispielsweise durch ihre festen, etablierten Strukturen aus, die nicht selten dazu beitragen, dass Entscheidungen ewig brauchen. Wenn ich „ewig" schreibe, dann meine ich das auch so (natürlich mit einem Zwinkern).
Ein Konzern hat mal als Start-up klein angefangen und ist mit dem wachsenden Erfolg, der neue Aufgabenfelder mit sich brachte, größer geworden. Neue Aufgabenfelder und ein höherer Workload müssen aufgefangen werden. Hierfür werden neue Teams bis hin zu neuen Abteilungen geschaffen, in denen neue Mitarbeitende ihren Platz finden. Hieraus ergeben sich wieder neue Strukturen und so weiter und so fort. Irgendwann bauscht sich dieses Konstrukt so auf, dass es nicht mehr dynamisch und spontan agieren kann. Muss es auch gar nicht (in den meisten Fällen zumindest). Das ist der entscheidende Unterschied zwischen Start-ups und Konzernen. Konzerne haben für alles Mögliche eine Vorgabe. Für jede noch so kleine Entscheidung müssen meistens mehr Leute drüber schauen, als die Teams groß sind.
Meine Freundinnen, die Arbeitserfahrungen in Konzernen gemacht haben, sagen: „Ich habe gefühlt jegliches Budget der Welt, kann aber gleichzeitig irgendwie nichts Richtiges anstellen." Der Grund: Aus jeder Ecke kommt ein Wenn und Aber (Ausnahmen bestätigen die Regel).

Natürlich dürfen wir nicht vergessen, dass egal in welcher Unternehmensart wir arbeiten – Vorteile und Nachteile gibt es überall. Da, wo wir vielleicht mehr verdienen können, sind die Strukturen fester und wir nicht so frei. Dafür haben wir größere Sicherheit, dass unser Job in sechs Monaten immer noch benötigt wird. Da, wo wir mehr persönliche Freiheiten und beruflichen Gestaltungsraum haben, können wir vielleicht nicht das gleiche Gehalt erwarten. Ich glaube, ihr versteht, worauf ich hinaus möchte. Wir sollten uns daher immer bewusst sein, in welchem Arbeitsumfeld wir uns gerade befinden.

FIND YOUR FÜHRUNGSSTIL

Aber was uns ja eigentlich interessiert, ist, wie sieht es in den verschiedenen Unternehmensformen mit der Führung so aus? Ich bin mir sicher: Gute und weniger gute Führungskräfte gibt es überall, ganz gleich, welche Branche, ob Start-up oder Konzern, ob jung oder vielleicht schon älter. Da sind wir wieder bei meinem liebsten Punkt: Wir pauschalisieren nicht, und genau das behalten wir bei.
Ich würde hier gerne etwas tiefer einsteigen, denn natürlich beeinflussen, wie ich zu Beginn schon sagte, die Unternehmensformen auch die Führungsstile. Aber welche Führungsstile gibt es eigentlich?

Wir unterscheiden erst einmal in direkte und indirekte Führung. Manchmal muss ich echt aufpassen, dass das hier keine zweite Bachelorarbeit wird. Also: Wenn jemand direkt führt, beeinflusst die Person das Verhalten der Mitarbeitenden, gibt klare Anweisungen und ist „kontrollierend". Die indirekte Führung ist, wie der Name schon sagt, indirekt und schafft eher einen Rahmen. Hier wird auf das selbstständige Arbeiten der Mitarbeitenden vertraut.

Sooo – und jetzt auf zu den verschiedenen Führungsstilen. Ich persönlich finde das Thema wirklich spannend und glaube, dass es gar nicht so einfach ist, als Führungskraft den für sich „richtigen" Weg zu wählen. Damit ich hier nicht mit 100 verschiedenen Stilen um die Ecke komme, belassen wir es bei zwei grundlegenden Führungsstilen: den autoritären und den demokratischen (partizipativen).

Der autoritäre Führungsstil

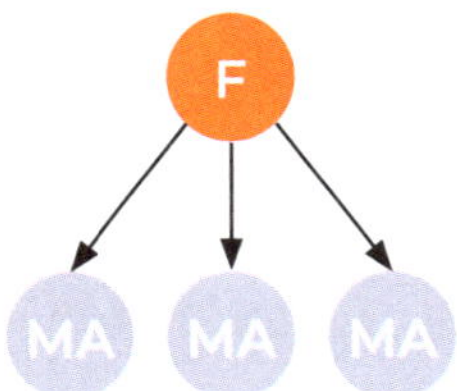

F entscheidet alles

F ordnet an

Der demokratische Führungsstil

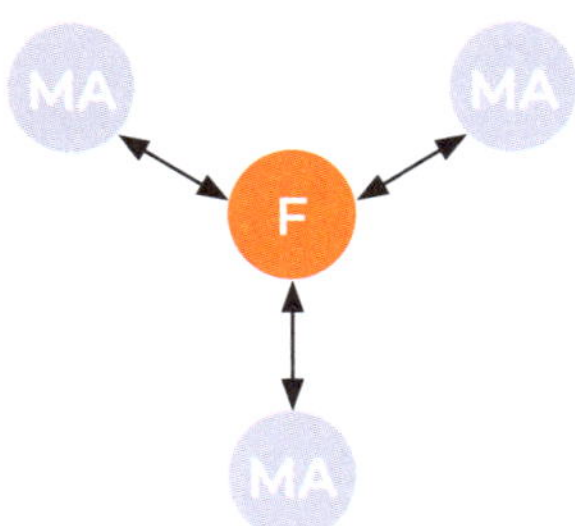

F MA

entscheiden gemeinsam

F MA

führen einen Dialog

F Führungskraft

MA Mitarbeitende

Wenn ich mir die Grafik genauer anschaue und die einzelnen Definitionen, dann kann ich klar sagen, dass ich den autoritären und vor allem den demokratischen Führungsstil kennengelernt habe. In meiner Ausbildung zum Beispiel war, je nach Abteilung, der autoritäre Führungsstil eher vertreten als der demokratische Führungsstil (auch in der Kombi). In der Sachbearbeitung war es eher autoritär, im Marketing wiederum demokratischer. Rückblickend war das auf jeden Fall auch sinnvoll, weil unterschiedliche Aufgabenbereiche und Zielvorgaben auch unterschiedliche Führungsansätze benötigen. Manchmal braucht es einfach eine Führungskraft, die klar in ihren Anweisungen ist, Entscheidungen alleine trifft und vielleicht auch „durchgreift". Selbst wenn ich das Wort in Anführungszeichen schreibe, klingt es immer noch viel zu hart. Ich glaube aber, ihr versteht, was ich damit aussagen möchte. Dieser Führungsstil trennt Mitarbeitende und Führungskräfte stark voneinander. In manchen Abteilungen gibt es auf viele Fragen direkte Antworten, weil klar ist, was „richtig" und was „falsch" ist. Beispielsweise gibt es in der Buchhaltung keinen kreativen Spielraum, weshalb auch nicht darüber diskutiert wird, ob eine Strategie jetzt richtig ist oder eben nicht, weshalb Führungskräfte hier klare Anweisungen geben dürfen oder es auch sollten. Anders als im Marketing, hier nimmt die Kreativität einen sehr großen Bereich ein, weshalb das Team mehr mit einbezogen werden sollte.

Bei meinem letzten Job wurde der demokratische Führungsstil gelebt – vielleicht war es am Ende etwas mehr Schein als Sein, dennoch würde ich aus Mitarbeitersicht den demokratischen Führungsstil immer allen anderen vorziehen, was daran liegt, dass mir das soziale Umfeld, die Arbeitsatmosphäre und eine Kommunikation auf Augenhöhe im Job unfassbar wichtig sind. Ich möchte meinen kreativen Gedankengualsch (und mich) in das Team einbringen, gemeinsam an den nächsten Schritten arbeiten, Strategien überdenken und Maßnahmen definieren. Wenn ich aus meiner Perspektive sprechen müsste, könnte ich sicher auch nach dem autoritären Führungsstil arbeiten, denke aber, dass ich langfristig damit nicht glücklich werden würde. Das ist aber eine persönliche Sache und lässt sich auf keinen Fall auf jede Person anwenden. Wenn jemand von euch klare Aufgaben oder Anweisungen

mit einem entsprechenden Anfang und Ende schätzt, werdet ihr vielleicht mit einem autoritären Führungsstil glücklicher.
Ich würde aber behaupten, dass diese Führungsstile nicht zu jeder Führungskraft und auch nicht in jede Branche oder in jedes Berufsfeld passen. Nicht jede Führungskraft kann vielleicht den demokratischen Führungsstil entsprechend umsetzen. Dafür fällt anderen der autoritäre Führungsstil schwer. Ich würde zudem den Umgang mit den Mitarbeitenden, also „wie“ ein Führungsstil ausgeführt wird, letztlich auch noch mal klar vom eigentlichen Führungsstil abkapseln. Ich glaube, dass jeder Führungsstil fair und empathisch umgesetzt werden kann.
Wichtig ist hier zu erwähnen: Führungskräfte sind auch nur Menschen und wie jede und jeder von uns haben Führungskräfte eine Persönlichkeit, Charaktereigenschaften sowie Stärken und Schwächen. Was man auch nicht vergessen darf: Unsere Führungskräfte sind meistens nicht das oberste Ende in der Unternehmensorganisation und haben wiederum Führungskräfte über sich. Ebenfalls mit einem individuellen Charakter sowie Stärken und Schwächen. Diese übergeordnete Führungskraft lebt vielleicht den gleichen Führungsstil wie unsere Führungskraft oder aber einen anderen. Das soll unmoralisches und toxisches Verhalten nicht relativieren oder kleinreden, aber ich glaube, genau das sollte man sich in vielleicht auch schwierigeren Situationen vor Augen halten.

Aber wie sieht es denn eigentlich aus mit den Führungsstilen in Start-ups, Konzernen oder im Mittelstand? Start-ups sind von ihrer Altersstruktur häufig deutlich jünger aufgestellt als etwa Konzerne. Wieso? Na ja, wenn sich ein Unternehmen neu aufbaut, steht diesem nur ein begrenztes Budget zur Verfügung und kann demnach nicht wirklich bei den Konzerngehältern in der gleichen Branche mithalten. Deshalb ist es automatisch auch schwerer, Mitarbeitende mit einem höheren beruflichen Erfahrungsschatz zu akquirieren. Jüngere Menschen, die frisch mit der Ausbildung fertig sind, sich noch im Studium befinden oder dieses abgeschlossen haben, sehen hier die Chance, viel in kurzer Zeit zu lernen und dementsprechend schneller aufsteigen zu können. Demnach ist die Motivation auch eine andere, und natürlich macht es auch Spaß, in einem Start-up zu arbeiten. Der Vibe ist einfach ein ande-

rer. Dieser Vibe bestimmt automatisch die Unternehmenskultur und die Führungsstile. Oftmals sehr demokratisch, fast schon freundschaftlich. Flache Hierarchien, viel Mitspracherecht, und das Du ist hier eigentlich schon Pflicht – auch im Bewerbungsprozess.
Im Mittelstand und in Konzernen sieht es da völlig anders aus, und ich versuche mich ganz bewusst von meiner persönlichen Erfahrung zu distanzieren. Vielleicht sagt euch ja der Begriff „Kulturwandel" etwas?

KULTURWANDEL IN UNTERNEHMEN

Ein Kulturwandel beschreibt die Veränderung und Weiterentwicklung einer Unternehmenskultur von innen heraus. Dazu gehören nicht nur die Strukturen und Geschäftsprozesse, sondern ebenso die Verhaltens- und Denkweisen, die Werte, Normen und die Führung. Das kann zu flachen Hierarchien führen, ein „Du" statt dem „Sie" selbst zur eigenen Führungskraft beinhalten, eine Kommunikation auf Augenhöhe und ein demokratischer Führungsstil statt einem autoritären da, wo es möglich ist. Die Frage ist bei solchen Veränderungen, wie gut sie sich wirklich umsetzen lassen und vor allem wie schnell.

FÜHRUNGSPOSITIONEN SIND KEINE KEKSE

Mittelstand und Konzerne liegen in der Art und Weise ihrer Führung sehr eng beieinander – und auch hier bestätigen Ausnahmen wieder die Regel. Viele Führungskräfte definieren ihre Autorität immer noch über ihre berufliche Erfahrung, nach dem Motto: „Ich bin Führungskraft, weil ich mehr weiß. Ich bin Führungskraft, weil ich den Abschluss XY habe." Sicher kann die berufliche Erfahrung ein Kriterium dafür sein, wieso jemand Führungskraft wird. Für mich steht aber fest, dass eine Führungskraft fachlich nicht „besser" sein muss als die Mitarbeitenden, was nicht bedeutet, dass ein bestimmtes Maß an fachlicher Kompetenz unwichtig ist. Eine Führungskraft muss führen können, Mitarbeitende motivieren, weiterentwickeln, Visionen vorantreiben – und vor allem da sein.

WELCHE QUALITÄTEN ZEICHNEN EINE GUTE FÜHRUNGSKRAFT AUS?

Führungskräfte können ebenso eine Art Mentorenrolle einnehmen. Jetzt denken sich vielleicht einige: Hä, wieso denn Führungskräfte? Die Gegenfrage lautet: Wieso nicht?
Meine Führungskraft im Job zu Beginn meines Studiums war quasi wie ein Mentor für mich, weshalb ich auch die Erfahrungen mit meinen weiteren Führungskräften so gut ins Verhältnis setzen kann. Ohne diese unglaublich positive Erfahrung und das Wissen, wie es anders laufen kann (egal, wie gut die eigene Arbeitsmoral sein mag), hätten mich meine späteren Erlebnisse im letzten Job wahrscheinlich komplett zerstört. Mein Selbstvertrauen wäre wahrscheinlich völlig am Boden gewesen, sodass mir allein die Vorstellung davon, ein so negatives Selbstbild zu haben, ein richtig ekliges Gefühl im Magen verschafft. Es war ein Unterschied wie Tag und Nacht.
Führungskräfte als eine Art Mentor zu sehen ist doch eigentlich eine schöne Vorstellung, oder? Unabhängig davon, ob man dies auf den beruflichen oder privaten Lebensbereich bezieht. Manchmal sind es bestimmte Vorgehens- und/oder Denkweisen, Fähigkeiten, Werte oder Handlungsmuster, an denen wir uns orientieren. Eine Führungskraft sollte immerhin genau wissen, wo eure Stärken und Schwächen liegen und wie man diese am besten fördern kann. Wieso sich also nicht nur von Social Media inspirieren und motivieren lassen, sondern auch von den eigenen Führungskräften? Ganz nach dem Motto: „Ich möchte von dir lernen."

Führungskompetenz will gelernt sein. Führungspositionen sind kein Geschenk oder dienen als Lob, im Sinne von: „Jo, du hast deinen Job die letzten Monate/Jahre gut gemacht. Hey, Glückwunsch, du steigst zur Führungskraft auf." Ihr glaubt, so was gibt es nicht? Doch, leider oft genug. Führungspositionen werden immer noch in vielen Unternehmen als eine Art „Belohnung" verteilt, in allen Unternehmensformen, in der Start-up-Welt, im Mittelstand oder in Konzernen. Die Schlussfolgerung bei guten (oder langjährigen) Mitarbeitenden ist häufig, dass sie automatisch eine gute Führungskraft sein müssten. Es werden keine Bewerbungsverfahren durchgeführt und keine Weiterbildungen angeboten. So richtig schwierig wird es aber, wenn Personen aus einem

Team zur Führungskraft jenes Teams gemacht werden. Das ist nicht nur fachlich eine neue Herausforderung, sondern auch eine auf der persönlichen Ebene. Wie sagte eine gute Freundin mal zu mir: „Führungspositionen sind doch keine Kekse."
Ich fand den Spruch so gut und passend, dass ich euch den nicht vorenthalten will. Der Satz beschreibt ziemlich treffend, was viele noch nicht verstanden haben: Nur weil du deinen Job gut oder sehr gut machst, bist du nicht automatisch auch eine gute Führungskraft und kannst führen. Und das ist keine Schande, sondern okay.
Eine Führungskraft braucht in meinen Augen keinen bestimmten Abschluss. Du kannst mit 25 Jahren Führungskraft werden oder mit 50, mit einer abgeschlossenen Ausbildung oder einem Studium. Einen zweiten Masterabschluss oder einen Meister zu machen bedeutet nicht automatisch, dass man auch eine gute Führungskraft und fachlich vermeintlich dem eigenen Team überlegen ist. Wie oft wurden Vorschläge und Hinterfragungen aus meinem Team abgelehnt, weil die Führungskraft dachte, sie hätte sowieso recht, weil sie ja fachlich mehr drauf hat. Das ist ein Aspekt, den wir alle mehr im Hinterkopf behalten sollten. Bildung und Erfahrung bedeuten nicht gleich Führungskompetenz.
Und da kommen wir zum entscheidenden Punkt: Die perfekte Unternehmens- und Führungsstruktur gibt es nicht. Nicht umsonst erfolgen in zeitlichen Abständen immer mal wieder Umstrukturierungen innerhalb eines Unternehmens, denn ein Umdenken ist unfassbar wichtig. Denn so, wie die Welt, die Gesellschaft sich verändert, so müssen sich auch Unternehmen dieser Veränderung annehmen. Sonst verlieren sie den Anschluss. Genauso sind Führungsstrukturen abhängig von den individuellen Wünschen und Bedürfnissen der Mitarbeitenden. Wie groß ist der Wunsch nach Sicherheit und Klarheit? Und wie groß ist der Wunsch nach Freiheit und Kreativität?

FEEDBACK IST KEINE ONE-(WO)MAN-SHOW

Was wünsche ich mir von meiner Führungskraft? Welche Art der Kommunikation? Was kann ich oder sollte ich erwarten? Ich denke, da hat jeder seine eigene Perspektive, und das ist vollkommen in Ordnung.

Dennoch würde ich gerne hervorheben, dass Kommunikation und ein ehrlicher Austausch die Basis für eine gute Zusammenarbeit bilden. Beidseitig.

Feedback ist keine One-(Wo)Man-Show, in der seitens der Führungskraft ein Monolog abgehalten wird. Mitarbeitende dürfen auf das Feedback eingehen und sollten es sogar. Ja, ich weiß, der Grad zwischen „Ich gehe auf Feedback ein" und „Ich rechtfertige mich" ist wirklich schmal. Dieser Gedankengang war ein Grund dafür, wieso ich am Ende, kurz bevor das Fass überlief, kaum noch etwas geäußert habe – bis mir die Frage gestellt wurde, warum ich denn nichts mehr zum Feedback sagen würde.

Viele von euch können das vielleicht relaten, wenn man das Gefühl hat, man rechtfertigt sich dauernd für irgendwas – und wird dann womöglich noch als kritikunfähig oder zickig abgestempelt. Dabei sollten beide Seiten verstehen, dass es wichtig ist, sich über Feedback auszutauschen. Nur so kann ein gegenseitiges Verständnis für die Wahrnehmungen und Empfindungen der anderen Seite entstehen. Also, hier ein klares: Go for it! Fordert Feedback ein, geht darauf ein, sprecht eure Gedanken dazu aus, fragt nach, wie ihr euch in bestimmten Punkten verbessern könnt oder was die Erwartungshaltung der euch gegenübersitzenden Person ist. Gute Führungskräfte werden euch nicht verurteilen, sondern zuhören.

Und an die Führungskräfte, die das hier lesen: Ihr seid ebenso auf Feedback angewiesen, denn erstens ist niemand perfekt und zweitens können wir alle voneinander lernen. Geht in Gespräche und fordert von euren Mitarbeitenden ein Feedback. Fragt doch mal ganz bewusst nach: „Was brauchst du von mir? Was ist deine Erwartungshaltung an mich?" Ob ihr das direkt so umsetzen könnt oder nicht, ist erst mal nebensächlich, aber es hilft nicht nur weiter, sondern hinterlässt auch ein tolles Gefühl bei euren Mitarbeitenden: „Meine Gedanken und Ansichten sind meiner Führungskraft wichtig. Ich bin meiner Führungskraft wichtig."

Ich weiß nicht, wie es euch geht, aber ich fand wöchentliche bis maximal zweiwöchentliche One-on-One-Meetings immer gut. Selbst wenn es nicht jedes Mal Feedback gab, hatte ich trotzdem die Gele-

genheit, persönlich mit meiner Führungskraft über aktuelle Themen zu sprechen, ohne diese zwischen Tür und Angel klären zu müssen. Oder wenn ich Unterstützung beziehungsweise Denkanstöße bei einerbestimmten Aufgabe benötigte. Was mir bei diesen Meetings immer sehr half, war die Frage der Prioritäten von verschiedenen To-dos zu klären.
Für Feedback gibt es keine „richtige", also offizielle zeitliche Regelung. Regelmäßige One-on-One-Meetings sind wichtig, aber auch in Teamrunden kann Feedback eingefordert werden. Das hängt davon ab, welche Themen ihr wie offen besprechen möchtet und wie relevant sie für das Team sind. In meinem Job zu Beginn meines Studiums haben wir im Teammeeting wöchentlich über jede Verantwortung oder Aufgabe gesprochen, die für das Team relevant waren. So konnten sich auch andere einbringen und Ideen teilen, die mir dann weitergeholfen haben, denn selbst Führungskräfte haben nicht immer auf alles eine Antwort. Scheut euch also nicht davor, euer Team um Feedback oder um Unterstützung zu bitten.

EFFEKTIVES FEEDBACK

Feedback ist nicht nur ein Gespräch zur generellen Arbeitsleistung. Es ist für mich ein Austausch, wöchentlich oder zweiwöchentlich, zu denen auch Zwischenabstimmungen zu Arbeitsprozessen und aktuellen Aufgaben zählen. Es dient der Optimierung der Zusammenarbeit und schafft die Möglichkeit zur Weiterentwicklung.

Wöchentliche Updates sind besonders dann ein großer Vorteil, wenn mal jemand unplanmäßig ausfällt. Aber die Häufigkeit von Feedback hängt auch davon ab, wie ihr am besten damit umgehen könnt. Braucht ihr Feedback nach jeder kleineren Aufgabe – oder macht es

euch eher verrückt? Das entscheidet ihr. Ich jedenfalls liebe wöchentliche Feedback-Gespräche, fordere auch aktiv Unterstützung ein, wenn ich sie benötige, laufe aber ebenso gerne alleine los, weil ich sonst schwerer lerne, auf meine Fähigkeiten zu vertrauen. Manchmal kann häufiges Feedback gerade zu Beginn eines neuen Jobs hilfreich sein, um genau dieses Selbstvertrauen aufzubauen. Hier ein gut gemeinter Rat an die Führungskräfte unter euch: Fragt jemand häufig nach Feedback, häufiger als ihr es vielleicht für nötig haltet, kann das daran liegen, dass Mitarbeitende unsicher sind und sich selbst nicht so viel zutrauen, wie ihr es womöglich tut. Geht ins Gespräch und sprecht ihnen Mut zu. Das bewirkt Wunder!
Neben „normalen" Feedback-Gesprächen und dem Austausch im Team gibt es in manchen Unternehmen auch Quartals- und/oder Jahresendgespräche, in denen das Jahr rückblickend betrachtet wird. Diese Gespräche gehen häufig mit den anfangs definierten Zielen einher. Ein Beispiel, wie es nicht laufen sollte, hatten wir ja in Kapitel 1 (bodenlos).

Fragen, die in einem Jahresendgespräch besprochen werden können (und teilweise auch sollten):

- Wie viele Ziele wurden erreicht und in welchem Umfang?
- Wie habe ich zur Erreichung der Team- und Unternehmensziele beigetragen?
- Welche Projekte wurden neu begonnen und welche abgeschlossen?
- Wie habe ich mich beruflich, aber auch persönlich weiterentwickelt?
- Wo gibt es Entwicklungspotenziale und wie können diese umgesetzt werden?

Fun Fact: Eine gesetzliche Vorschrift für Feedback-Gespräche oder auch Jahresendgespräche gibt es nicht. Was es aber gibt, ist die gesetzliche Fürsorgepflicht von Arbeitgebenden gegenüber ihren Arbeitnehmenden. Aus dieser lässt sich ableiten, dass Arbeitnehmerinnen und Arbeitnehmer Anspruch auf einen regelmäßigen Austausch haben. Teilweise können Feedback-Gespräche auch in Einzelfällen vertraglich festgeschrieben werden.
Sollte euch ein regelmäßiger Austausch mit eurer Führungskraft fehlen, fordert diesen aktiv ein, genauso wie konstruktives Feedback. Sprecht es an. Es ist nicht schlimm, danach zu fragen, sondern eher gut. Denn es zeigt das Interesse, dass euch Feedback wichtig ist, ihr euren Job gut machen und euch gleichzeitig weiterentwickeln möchtet.

Nehmt euch jetzt einen kurzen Moment Zeit und beantwortet folgende Fragen. Ich könnte mir vorstellen, dass sie euch dabei helfen, mehr Klarheit darüber zu erlangen, wie wichtig euch Feedback überhaupt ist und wie ihr dieses für euch persönlich einordnen könnt:

Wie viel Feedback erhältst du aktuell?

Bist du zufrieden mit der Anzahl an regelmäßigen Austauschterminen mit deiner Führungskraft?

☐ Ja ☐ Nein

Wie häufig würdest du dir einen Austausch wünschen?

Bist du zufrieden mit der Art und Weise, wie dieser Austausch abläuft?

Was erhoffst du dir von den Feedback-Gesprächen mit deiner Führungskraft?

Gibt es etwas, was deine Führungskraft ändern könnte?

Gibt es etwas, das du in diesen Terminen ändern könntest?

KOMMUNIKATION STATT LABER-RHABARBER

So eine Selbstreflexion tut irgendwie immer gut – oder nicht? Ich habe dann das Gefühl, dass ich meine Gedanken und Gefühle viel besser zuordnen kann und besser weiß, was ich eigentlich möchte. Und wenn ich das weiß, geht es darum, diese Gedanken zu teilen. Da kommen wir auch schon zum nächsten Punkt: die Art der Kommunikation. Wie kommuniziert man überhaupt richtig? Gibt es überhaupt eine „richtige“ Kommunikation?

Gute Frage, nächste Frage. In meiner Ausbildung habe ich gelernt, wie man (damals mit Kunden) richtig kommuniziert. Ich meine mich sogar daran zu erinnern, dass wir mal einen Workshop hatten, in dem jeder von uns die Position einer Führungskraft einnehmen sollte. Was wir dabei gelernt haben, war, dass es einen deutlichen Unterschied macht, wie wir unsere Sätze formulieren und unsere Anliegen kommunizieren. Sowohl vonseiten der Mitarbeitenden als auch vonseiten der Führungskraft. Kommunizieren wir in „Ich-Botschaften“ oder in „Du-Botschaften“? Und wie nehmen wir eine Botschaft auf? Eher sachlich oder doch emotional? Vielleicht sagt euch auch das Vier-Seiten-Modell einer Nachricht (das Vier-Ohren-Modell) etwas.

DAS 4-SEITEN-MODELL EINER NACHRICHT

Sachinhalt: Wie kann der Sachverhalt verstanden werden?

Beziehung: Wie spricht die andere Person mit mir?

Appell: Wie soll ich aufgrund der Mitteilung des anderen handeln?

Selbstkundgabe: Was gebe ich von mir preis?

Nicht ohne Grund schreibe ich so oft in meiner Instagram-Story, dass es genauso wichtig ist, auf die eigenen Worte und die eigene Kommunikation zu achten. Was auch beinhaltet, nicht direkt auf die erste Interpretation einer Nachricht voll einzusteigen und emotional zu antworten. Empathie und Verständnis bedarf es auf beiden Seiten – Sender und Empfänger! Auf Instagram nenne ich dieses „Kommunikationschaos" auch das „WhatsApp-Syndrom", weil es das Dilemma so einfach erklärt. Stellt euch vor, ihr diskutiert mit einer Person über euren WhatsApp-Chat. Ihr seid die Person, die gerne mit Emojis Empfindungen ausdrückt, die andere Person aber eben nicht. Ich wette mit euch, dass, obwohl ihr wisst, dass die andere Person immer ohne Emojis schreibt, ihr jede Nachricht eher als negativ wahrnehmt, weil sie nicht eurer Art der Kommuni-

kation entspricht. Sie wirkt auf euch eher genervt, desinteressiert, eben emotionslos, was wir schnell mit etwas Negativem assoziieren.
Wir kommunizieren alle unterschiedlich, weil wir alle individuell sind und die Welt auch anders wahrnehmen. Das soll jetzt keinen Druck auslösen, à la „Oh mein Gott, ich kann dann ja immer was falsch machen", sondern eher sensibilisieren. „Ich-Botschaften" und das Verständnis für die andere Seite, Empathie, helfen euch ganz sicher dabei.
Wisst ihr, wie hilfreich es ist, für sich selbst zu wissen, zu welchem „Kommunikationstyp" man zählt oder wie man Botschaften der gegenübersitzenden Person im ersten Schritt interpretiert? Ich finde, dass einem das viel Druck nimmt. Wenn ich weiß, dass ich zum Beispiel dazu neige, emotional zu interpretieren, und die andere Person Dinge mehr sachlich betrachtet, ist das wie ein Knoten, der platzt. Man hat das Gefühl, sich, die eigenen Gedanken und andere Personen viel besser verstehen zu können.
Aber wann ist der richtige Zeitpunkt, um Feedback oder Unwohlsein anzusprechen? Um das herauszufinden, ist es erst mal wichtig, sich klar darüber zu werden, was genau man eigentlich ansprechen möchte und was am Ende das Ziel sein soll. Das klingt jetzt vielleicht doof, aber so was aufzuschreiben kann dabei helfen, sich darüber bewusst zu werden. Aufschreiben ist generell eine Sache, die euch dabei unterstützen kann, Dinge aus dem Kopf zu bekommen und sich dann reflektiert mit ihnen auseinanderzusetzen. Ansonsten kommt schnell der typische Gedankengulasch zusammen, bei dem Tausende Gedanken durcheinanderfliegen und man den Wald vor lauter Bäumen nicht mehr sieht (Sprichwörter sind echt mein Ding). Also step by step, denn Vorbereitung ist alles. Schaut euch dafür auch die folgenden Tipps an, wie ihr euch unter anderem auf solche Gespräche vorbereiten könnt und was euch gegebenenfalls bei der Vorbereitung noch helfen kann.

VORBEREITUNG AUF FEEDBACK-GESPRÄCHE

- **Zielsetzung des Gespräches definieren**
  (Was möchte ich mit dem Gespräch erreichen?)

- **Probleme, Gedanken notieren**
  (Was sind meine Pain Points? Was ist der Auslöser?)
- **„Ich-Botschaften“ verwenden und „Du-Botschaften“ vermeiden**
  (Ich empfinde ..., Für mich fühlt es sich so an ...)
- **Was würde ich mir von meiner Führungskraft wünschen? Was brauche ich von ihr?**
  (Lösungsvorschläge vorbereiten)

Wenn ihr euch sicher fühlt, genau wisst, was euch beschäftigt und was ihr gerne loswerden möchtet, dann geht es darum, den passenden Termin zu finden. Ja, einen Termin, denn zwischen Tür und Angel sollten wichtige Themen nicht besprochen werden. Eure Führungskraft sollte die Möglichkeit haben, entsprechend auf euch eingehen zu können, und das fällt im Gewusel zwischen Termin A und Termin B eher schwer. Vor allem, wenn ihr merkt, dass eure Führungskraft sowieso schon gestresst ist, sollte man Gespräche zwischen Tür und Angel (wie kommt man überhaupt auf diese Redewendung?) eher vermeiden. Immerhin möchtet ihr ja auch, dass sie sich für euch Zeit nimmt und ihr eure Themen sorgfältig und ernsthaft besprecht. Das gilt übrigens nicht nur für Feedback-Gespräche, sondern generell für Arbeitsthemen.
Ich habe es immer so gehandhabt, dass ich meine Führungskraft „vorgewarnt“ habe. Entweder per Chat oder, wenn möglich, persönlich.

Etwa so: „Hey, hast du eine Minute Zeit für mich?“
„Ja klar, was gibt es denn?“
„Ich würde gerne ein paar Themen mit dir besprechen. Darf ich dir dazu einen Termin einstellen?“

Easy. Jetzt fragt ihr euch sicher: „Toll, Joi, und was ist, wenn meine Führungskraft keine Zeit hat?“ Das ist kein Problem. Meistens hat es sich dann aus der Situation ergeben, dass ich die Frage bezüglich des Termins zu einem späteren Zeitpunkt nachgeholt habe. Eigentlich geht es auch nur darum, dass ihr eurer Führungskraft mitteilt, dass ihr gerne etwas mit ihr besprechen möchtet. Anschließend stellt ihr einen Termin ein. Je nachdem, wie viel ihr besprechen möchtet, habe ich mindestens 30 Minuten und maximal eine Stunde für den Termin eingeplant – und falls die Zeit nicht benötigt wurde, umso besser. Lieber plant ihr mit etwas Puffer, statt am Ende durch den Termin zu hetzen. Das ist für beide Seiten nämlich absolut nicht angenehm und ist kontraproduktiv für ein lösungsorientiertes Gespräch.

HOLT EUCH RÜCKENDECKUNG

Viele Führungskräfte sind dankbar für diese Termine und hören euch gerne zu, um mit euch gemeinsam an den angesprochenen Themen zu arbeiten. Was ist aber, wenn dem nicht so ist? Was ist, wenn ihr abgewiesen werdet oder eure Anliegen kleingeredet werden? Das ist eine sehr unschöne Situation, und ich vermute mal, dass viel zu viele genau diese Erfahrung machen. Leider. Das Gefühl, trotz offener Kommunikation nicht ernst genommen zu werden, ist furchtbar und kann belasten. Wie wir genau mit Ablehnung umgehen, besprechen wir in Kapitel 4.
Es könnte vielleicht viel zu einfach wirken, was ich hier beschreibe. Ja, ich habe ein Problem, na, dann spreche ich es halt an. Dieses und jenes finde ich nicht gut, also rede ich mit meiner Führungskraft darüber. Ich möchte nicht den Eindruck vermitteln, dass das alles so easy von der Hand geht. Ich weiß, dass es nämlich nicht so ist, unabhängig davon, wie lange man schon im Berufsleben steht. Etwas anzusprechen kann sowohl mit Anfang 20 als auch mit Ende 50 schwer sein. Immerhin gibt man etwas von sich preis, Dinge, die einem Unwohlsein bereiten. Man macht sich automatisch verletzlich und angreifbar. Man möchte nicht in irgendwelche Schubladen gesteckt werden oder das Gefühl vermitteln, dass man rumheult. Da können die Beziehung zur eigenen Führungskraft und die Unternehmenskultur noch so gut sein. Es fällt immer schwer und fühlt sich komisch an. Für viele zumindest. Logisch, dass es dann umso schwerer fällt, unangenehme Situationen und Unwohlsein durch die eigene Führungskraft anzusprechen, geschweige denn Situationen reflektiert einzuschätzen.

Kolleginnen und Kollegen. Menschen, mit denen man tagtäglich zu tun hat, die einen mehr oder weniger gut kennen, wissen, wie man arbeitet. In vielen Fällen kann es hilfreich sein, sich mit Gleichgesinnten auszutauschen. Wenn ihr jetzt in diesem Moment an euer Team denkt – gibt es vielleicht eine Person, zu der ihr eine gute Bindung habt? Diese Beziehung muss sich nicht auf einer freundschaftlichen Ebene abspielen. Es geht nur darum, ob ihr euch versteht oder harmoniert, ähnliche Ansichten oder Werte teilt, vor allem, was die Arbeit angeht. Wenn ihr euch unsicher fühlt, Unwohlsein und Feedback bei eurer Führungskraft anzusprechen, scheut euch nicht, vorab mit jemandem aus eurem Team über eure Gedanken und Themen zu sprechen. Natürlich nur, wenn ihr das Gefühl habt, es könnte euch helfen!
Ihr könnt nicht nur eure Gedanken teilen und erst mal „üben", wie ihr eure Lage erklärt, sondern erhaltet ein unmittelbares Feedback von einer Person, die euch nicht übergestellt ist. Gerade wenn ihr Konflikte mit eurer Führungskraft habt, ist das sehr sinnvoll.

Kann ich mit dir über ein (Arbeits)Thema reden, was mich aktuell beschäftigt?

Wie hast du die Reaktion unserer Führungskraft empfunden?

Darf ich dich fragen, wie du damit umgehst, wenn Situation XY passiert?

Findest du, dass sich die Stimmung hier in letzter Zeit verändert hat?

Wie hast du die Situation vorhin wahrgenommen?...

Mir kam das irgendwie komisch vor, weil...

Wie siehst du das?

Die Antworten jener Person, die ihr ins Vertrauen gezogen habt, helfen euch, eure Situation besser einschätzen zu können, denn wir neigen dazu, etwas subjektiv zu bewerten, auch wenn wir versuchen, objektiv zu bleiben. Genauso kann es helfen, mit der einen oder anderen Person aus dem Team zu sprechen, die vielleicht schon länger da ist als man selbst.

Wie war deine Anfangszeit? Wie lange hat es gedauert, bist du dich „angekommen“ gefühlt hast oder du mit dem Job zurechtkamst?

Hattest du auch schon mal unangenehme Situationen?

Hattest du auch Schwierigkeiten am Anfang?

Wie hat sich das Arbeiten hier entwickelt, seitdem du da bist? Hast du Veränderungen wahrgenommen?

Glaubt mir, es ist immer gut, Feedback von außen zu bekommen, und wenn ihr eine Person in eurem Team habt, mit der ihr harmoniert, dann nutzt diese Chance für euch. Traut euch!
Wenn wir an unseren aktuellen Job denken, sollten wir uns außerdem bewusst darüber werden, wie lange wir schon dabei sind. Haben wir gerade erst angefangen und finden uns noch in die Strukturen rein oder sind wir mittlerweile „alte Hasen“ und neigen vielleicht sogar dazu, betriebsblind zu werden? Genau deshalb ist es wichtig, Dinge zu hinterfragen und zu überdenken und Mitarbeitenden zuzuhören, vor allem, wenn sie frisch dazugekommen sind. Das Stichwort „Betriebs-

blindheit“ sollte nicht unterschätzt werden. Selbst wenn ein Vorschlag vielleicht nicht umgesetzt wird, ist entscheidend, bestehende Strukturen nicht nach der Devise: „So haben wir das immer schon gemacht“ unendlich fortzuführen.

Ich weiß, da spreche ich nicht für alle, aber ich finde, in einer neuen Umgebung eigene Vorschläge einzubringen, die die alten Strukturen und Arbeitsprozesse infrage stellen, erfordert Mut. Schließlich möchte man ja selbst nicht, dass irgendwer (vor allem die eigene Führungskraft) denkt: „Gerade erst hier angefangen und schon verhält sie sich so, als wüsste sie alles besser!“ Alte Strukturen dürfen aufgebrochen und sollten überdacht werden. Auch der (eigene) Führungsstil.

Führungskräfte verfolgen in erster Linie die Ziele des Unternehmens. Zu diesen gehört wirtschaftlicher Erfolg. Natürlich haben Unternehmen und damit auch Führungskräfte eine soziale Verantwortung gegenüber ihren Mitarbeitenden. Und die lohnt sich auch ökonomisch, denn was gibt es Besseres, als zufriedene, motivierte und gute Mitarbeitende langfristig an sich zu binden? Stichwort: Fachkräftemangel.

Was viele Unternehmen heute immer noch nicht sehen oder begreifen, ist, wie viele Ressourcen es kostet, gute und vor allem motivierte Mitarbeitende gehen zu lassen, weil man ihnen keine Perspektive bietet oder sie auf heißen Kohlen sitzen lässt. Bis eine neue Person eingestellt und eingearbeitet ist, vergehen Wochen bis Monate. Zeitliche und finanzielle Ressourcen, die man sich sparen könnte.

Dabei geht es nicht um die hundertste Gehaltserhöhung innerhalb eines Jahres, sondern vielmehr um das „große Ganze“. Ein gutes Gehalt, das als finanzielle Sicherheit dient, wird immer wichtig bleiben, aber es ist für die meisten eben auch nicht alles. Ich bin mir ziemlich sicher, dass die meisten Menschen das „große Ganze“ wählen würden, denn das höchste Gehalt bringt am Ende nichts, wenn der Job krank macht. Wertschätzung vom Arbeitgebenden, von der Führungskraft, eine tolle Arbeitsatmosphäre, Entwicklungsmöglichkeiten und Perspektiven – das ist es, was die Mehrheit möchte und wonach sie strebt!

Trotzdem gibt es Situationen, die eine Führungskraft zwingen, sich gegen das „große Ganze“ zu entscheiden. Kurzfristige Unternehmensziele, für deren Erfüllung der Druck an die Mitarbeitenden weitergegeben

wird, was zu einer höheren Arbeitsbelastung, einer angespannten Atmosphäre und einer größeren Unzufriedenheit führt. Das alles konkurriert dann doch mit dem Bestreben, den Mitarbeitenden ein Gefühl von Sicherheit und Gestaltungsfreiheit zu bieten. Diese Entscheidungen sind wirklich scheiße und fallen auch Führungskräften in der Regel nicht leicht. Und nicht jede Führungskraft, die solche Entscheidungen zugunsten des Unternehmens trifft, ist ein Arschloch oder direkt toxisch. Doch selbst in solchen Situationen geht es immer um die Frage: Wie werden diese Entscheidungen umgesetzt?
Führungskräfte müssen sich daher auch für einen Führungsstil entscheiden, der nicht nur zu ihnen persönlich passt, sondern gleichzeitig die Ziele des Unternehmens bestmöglich voranbringt. Natürlich immer mit dem Blick, auf Augenhöhe mit dem Team zu arbeiten. Ein strengerer Führungsstil ist nicht automatisch toxisch. Ein lockerer Führungsstil nicht automatisch kontraproduktiv zwecks der Wahrnehmung der eigenen Autorität.
Ihr seht also, dass eine Führungskraft (auch) eine pragmatische Sicht auf die Arbeit haben muss – und das solltet ihr ebenfalls haben. Vielleicht nicht unbedingt ausschließlich, aber eben doch ein wenig. Was ich genau damit meine, schauen wir uns im Folgenden an.

Welches Verhältnis wünschst du dir zu deiner Führungskraft?

Welches Verhältnis pflegst du aktuell zu deiner Führungskraft?

IM GESPRÄCH MIT CHRISTINA GÖTZ

Christina Götz hat langjährige Erfahrung als Führungskraft, ist Geschäftsführerin der Creator Agentur „somefriends“ und Geschäftspartnerin von „Carmushka“.

Wie fühlt man sich denn so als Führungskraft?

Ich glaube, du bist die Erste, die mich das fragt. Es ist ein bisschen klischeeromantisch: Ich kann mich nur so gut fühlen, wie mein Team gerade aufgestellt ist – wirtschaftlich und menschlich betrachtet. Wenn ich als Führungskraft spüre, dass alle die Ziele kennen und gemeinsam darauf hinarbeiten, alle optimal ausgelastet sind, dann fühle ich mich in meiner Rolle natürlich auch besser. Allerdings gibt es Tage, an denen man sich als Führungskraft auch überfordert fühlen kann, weil so viele Anforderungen und Bedürfnisse auf einen einprasseln und man das Gefühl hat, die tausendprozentige Kontrolle zu verlieren. Grundsätzlich ist die Rolle einer Führungskraft auf verschiedensten Ebenen eine superspannende und herausfordernde – und dieser Verantwortung sollte man sich immer bewusst sein.

Was sind deiner Meinung nach Herausforderungen, mit denen Führungskräfte allgemein zu kämpfen haben?

Eine wesentliche Herausforderung wird immer „die“ transparente Kommunikation sein. Die sehe ich in meiner Art zu führen als das A und O. Dazu gehört zum Beispiel die Frage, wie viel Transparenz ich meinem Team in wirtschaftlichen Angelegenheiten anvertrauen möchte, um einerseits gewisse Sachverhalte oder Entscheidungen zu transportieren, aber andererseits auch niemanden zu „überfahren“ – besonders in Situationen, in denen der Pfeil nicht

immer nur nach oben geht. Das ist die Businessseite.
Auf persönlicher Seite gehört für mich in der Führung auch immer der Mensch hinter den Mitarbeitenden dazu, der nur als erfüllte Persönlichkeit den maximalen Output für das Unternehmen generieren kann. Hier bedarf es in meinen Augen sehr gute psychologische Führungsskills beziehungsweise Grundkenntnisse auf sozialer Ebene, die oftmals in der Führungskräfteausbildung vernachlässigt werden. Heißt unter dem Strich: Liebe Führungskräfte, lasst uns mal bitte alle mehr Zeit in das Verstehen von Menschen stecken als in Bewertungsbögen von Mitarbeitenden.

Wie ergeht es dir als Führungskraft zwischen Gestaltungsfreiheit und Verantwortung?

Ich glaube, ich sehe da gar keinen Unterschied, sondern die beiden Punkte gehören unmittelbar zusammen. Für mich selbst ist natürlich klar, ich bin rechtlich haftbare Geschäftsführerin. Also muss ich in erster Linie Sorge dafür tragen, dass es wirtschaftlich in die richtige Richtung läuft. Demnach gebe ich als Person mit der faktisch größten Verantwortung für mich und das Unternehmen ins Team vor, was erreicht werden soll und wie ich mir das Arbeiten innerhalb dieses Rahmens vorstelle. Diese Zielsetzungen und Grundsätze müssen dann in meinen Augen unternehmensweit gelten beziehungsweise sich abteilungsübergreifend ähneln. Damit werden Basics für die interdisziplinäre Zusammenarbeit geschaffen und dennoch hoffentlich jedem Teammitglied oder jeder Abteilung ausreichend Geltungsfreiheit gegeben, selbst die exakte Zielroute zu definieren. Nur wenn ich es schaffe, meinem Team Geltungsfreiheit in seinem Tun zu geben und Vertrauen schenke, können wir gemeinsam für das Ergebnis verantwortlich sein.

Welche Verantwortung tragen Führungskräfte deiner Meinung nach gegenüber ihren Mitarbeitenden?

Eine Führungskraft ist eine Instanz, die dir fachlich zur Seite steht, gemeinsam Ziele ausarbeitet und verfolgt und großes Interesse an einem Wissenstransfer im Team und darüber hinaus hat (Herrschaftswissen, ciao Kakao). Sie ist aber auch auf einer menschlichen, emotionalen und moralischen Ebene ein Sparringspartner, Lebensbegleiter, Mentor oder Mentorin.

Was ist dir bei der Zusammenarbeit deines Teams wichtig, um deinen Führungsstil leben zu können?

Als Führungskraft trage ich die volle Verantwortung für die Zielerreichung und die Risiken des Unternehmens. Das heißt, ich muss für mich die passende Organisationsstruktur im Unternehmen finden, mit der mein Führungsstil matcht. Ich persönlich versuche, Strukturen und Prozesse bewusst so zu bauen, dass, wenn Teammitglieder ausfallen sollten, immer jemand diesen Ausfall auffangen kann beziehungsweise das Grundsystem, die Transparenz und Steuerbarkeit, weiterhin gegeben bleibt. Somit kann ich meinem sehr Mensch-basiertem Führungsstil voll treu bleiben.

Wie bereitest du dich denn auf Gespräche mit Mitarbeitenden vor?

Ich notiere mir vorab Ziele. Welche Kernbotschaft möchte ich der Kollegin oder dem Kollegen vermitteln? Und das dürfen maximal drei Punkte sein, die ich mit maximal drei Punkten untermauere. Nur so kann ich meinem Gegenüber die Punkte greifbar vermitteln und diese mit persönlichen Befindlichkeiten oder subjektiven Meinungen trennen. Im optimalen Fall greife ich dann noch einen konkreten Lösungsansatz für die Zukunft auf.

Was glaubst du, braucht es, um eine gute Führungskraft zu sein?

Natürlich ist das subjektiv. Also für mich braucht es ein gesundes Ego und Verhältnis zu mir selbst. Es geht darum, zu verstehen, dass es nicht mein eigenes Verdienst ist, wenn etwas gut läuft; ich muss mich dann selbst zurücknehmen. Und wenn etwas schlecht läuft, dann ist es mein Problem, meine Verantwortung. Ich kann nur so gut sein wie mein Team, denn ich verkörpere das Team nach außen.
Genauso muss ich mich als Mensch zu hundert Prozent verstanden haben. Was sind beispielsweise meine Triggerpunkte? Durch Therapieansätze und Coachings kenne ich diese und bin daher auch zu hundert Prozent bei mir und sehe die Sache und das Unternehmen. So die „Innensicht".
Ohne Empathie geht meiner Meinung nach gar nichts. Mir raubt es nicht viel Energie, Menschen zu verstehen. Ich finde es faszinierend und ich liebe es. Und natürlich sollte man auch fachlich Verständnis von dem haben, was die Mitarbeitenden machen. Man muss nicht fachlich besser ausgebildet oder gar „überlegen" sein, um gut führen zu können. Als Führungskraft muss ich nicht die beste Fachlerin sein, aber das Tagesgeschäft sollte ich verstehen, und ein Verständnis für grundsätzliche Prinzipien sollten ebenfalls vorhanden sein. Zuletzt muss ich mich als Führungskraft selbst weiterentwickeln. Deshalb sollte eine gute Führungskraft an einem Coachingprogramm teilnehmen, um gewisse Themen in einem gänzlich separierten Kreis besprechen zu können.

Möchtest du noch irgendwas loswerden, etwas sagen, was dir zum Thema Führungskräfte wichtig ist?

Ich glaube, da beziehe ich jetzt ein bisschen Partei für Führungskräfte. So, wie Führungskräfte hoffentlich versuchen, fair und transparent Führung zu leben, ist für mich das Aller-, Allerschlimmste, mit Menschen zusammenzuarbeiten, die selbst nicht so diese

Richtung haben. Eine offene und transparente Zusammenarbeit kann nur beidseitig funktionieren. Ich biete genug Touchpoints an, um in Gespräche zu gehen, Lösungen zu schaffen und umzusetzen, um eine toxische Unternehmenskultur zu vermeiden. So finde ich es schwierig, wenn Mitarbeitende über den Status quo meckern, aber Herausforderungen oder Probleme nicht kommunizieren. Das bedeutet auch, dass es dazu führen kann, dass man sich entscheidet zu gehen, weil es nicht mehr passt oder man neue Wege gehen möchte. Wir sind in der freien Wirtschaft, herzlich willkommen, das gehört dazu. Für mich wäre eine Kündigung daher nie was Schlimmes, sondern ich denke: Vögelchen, flieg. Man kann als Führungskraft auch hier unterstützen. Ich empfehle Mitarbeitende immer gerne weiter und haue mein Netzwerk an, wenn mich jemand danach fragt. Es geht also um gegenseitige Transparenz auf einem professionellen Weg.

Christina findet ihr unter anderem hier:
www.somefriends.com

**ICH KANN
MICH NUR SO
GUT FÜHLEN,
WIE MEIN TEAM
GERADE
AUFGESTELLT IST –
WIRTSCHAFTLICH
UND MENSCHLICH
BETRACHTET.**

– CHRISTINA GÖTZ

KAPITEL 3

IST ES DAS WERT...?

Ich weiß ja nicht, wie es euch geht oder ging, aber die Suche nach dem eigenen Wunschberuf fiel mir extrem schwer. Die Frage „Was möchtest du mal werden?“ klingt irgendwie einfach, hat dafür aber umso mehr Bedeutung. Wie ihr in Kapitel 1 „ganz kurz“ lesen konntet, habe ich mir über Jahre hinweg genau darüber den Kopf zerbrochen. Je mehr Erfahrungen ich gesammelt habe, umso klarer wurde das Bild meines „Traumberufs“. Dabei geht es nicht nur um den reinen Job an sich, sondern insbesondere um bestimmte Rahmenbedingungen, die ich in diesem Buch ab und an schon mal angerissen habe. Atmosphäre, Arbeitsklima, Führungsstile – eben das „große Ganze“.
Sprich, wie stellt ihr euch das „Große Ganze“ vor? Wie möchtet ihr arbeiten und mit wem? Was habt ihr für Ansprüche an euch selbst, an eure Führungskraft und an den Job? Ist euer Job einfach nur ein Job, der euer Leben finanziert, oder soll er euch Erfüllung bringen? Soll euch der Job inspirieren, euch fördern, entwickeln, für soziale Kontakte da sein, oder trennt ihr beruflich und privat strikt voneinander? Dient der Job quasi als persönliche Sinnerfüllung oder reicht er euch als existenzielle Sicherheit?
Beides ist vollkommen okay. Nur genau das ist es, was ihr euch beantworten solltet: Was erwartet ihr von eurem Job und welchem Zweck soll er dienen?
Für mich war mein Job immer eher eine sinnstiftende Erfüllung statt nur Mittel zum Zweck. Klar, zu einem guten bis sehr guten Gehalt sagt sicher keiner Nein. Warum auch? Allerdings habe ich mich irgendwie schon immer mehr auf das „große Ganze“ konzentriert. In meinem letzten Job habe ich gar nicht so viel mehr verdient als in dem Job zu Beginn meines Studiums. Natürlich war das auch der Teilzeitstelle geschuldet. Außerdem wurden die Studienkosten nicht mehr übernommen, weshalb am Ende auf dem Konto nicht viel mehr war als vorher. Aber das Gehalt war ja auch nicht meine Priorität gewesen. Ich habe einen neuen Job gesucht, um einen weiteren Teil der Marketing-

Bubble kennenzulernen und um mich weiterzuentwickeln. Wichtig war mir nur, finanziell alles weiterhin so halten zu können wie vorher. Der neue Job sollte mir also wieder das „große Ganze" geben.
Ich lese gar nicht mal so selten in den Kommentaren unter meinen Videos, dass viele gerne im Homeoffice arbeiten und den „Büroalltag" nicht vermissen, dass sie die sozialen Kontakte in dem Job nicht brauchen und auch die Beziehung zu ihren Kollegen nicht suchen. Sie machen ihren Job, weil es für sie ein Job ist. Sie machen ihn gerne, aber brauchen das „große Ganze" nicht. Jedes Mal, wenn ich so etwas lese, merke ich, wie unvorstellbar das für mich wäre. Es erinnert mich aber auch daran, wie unterschiedlich wir alle gestrickt sind und holt mich ein wenig auf den Boden zurück, wenn ich über meinen Content nachdenke. Es lässt mich reflektierter auf alles schauen und mich daran denken, andere Perspektiven in meinen Content einzubinden. Eben nicht zu pauschalisieren (wichtig und richtig). Es ist also okay, wenn für euch euer Job einfach euer Job ist und ihr keine Sinnerfüllung sucht.
Was ist aber, wenn wir in unserem Job gar keinen Sinn sehen, obwohl wir es gerne tun würden? Wenn wir das Gefühl haben, dass das, was wir tun, eigentlich irrelevant ist? Sei es, weil uns die Tätigkeit an sich sinnlos vorkommt oder weil wir das Gefühl haben, nicht wahrgenommen zu werden.
Erst mal möchte ich sagen: Was auch immer ihr gerade tut, was auch immer euer Job ist – es ist nicht egal. Wir alle sind wie kleine Puzzlestücke und tragen demnach auch unseren ganz individuellen Beitrag zur Gesellschaft bei. Vom Handwerk über Dienstleistungen bis ins Büro. Falls ihr aber das Gefühl habt, dass ein Teil eurer Tätigkeit optimiert werden könnte, weil ihr denkt, anders würde es besser funktionieren, dann sprecht es an! Vielleicht fällt euch ein Workflow ein, um nötige Prozesse abzukürzen. Solche Hinweise schenken euch und eurem Team dann gerne mal fünf Arbeitsstunden.
Aber nochmal zur Frage zurück: Doch was ist, wenn wir in unserem Job keinen Sinn sehen, obwohl wir gerne einen Sinn sehen würden? Wie wirkt sich das auf das eigene Wohlbefinden aus? Wir haben jeden Tag aufs Neue das Gefühl, dass unsere Arbeit für die Gesellschaft, für die Welt überhaupt keinen Unterschied macht. Vielleicht sind wir auch ge-

langweilt, unterfordert oder wissen gar nicht, wofür wir das hier alles gerade machen. Vielleicht wissen wir es, kämpfen aber gegen diesen starken Sturm, die Strukturen, die uns umgeben, und kommen nur langsam voran. Vielleicht stehen wir sogar ganz alleine vor zu großen Aufgaben. Das fühlt sich immer ein bisschen so an, als würde man ins Leere arbeiten.

Ich weiß, dass ein „Sprecht es an" immer ein wenig dahergesagt klingt, aber in den direkten und proaktiven Austausch zu gehen nimmt euch eine Menge Last von den Schultern. Ihr helft euch selbst dabei, euren Kopf und euren Tisch voller Notizen freizumachen. Ich weiß nämlich genau, wie das ist, wenn man seine Arbeit (oder einen Teil) absolut nervig findet und sich einfach nur denkt: What the f*ck, wie unnötig ist das hier gerade?

Jeden Tag genervt davon zu sein, wirkt sich eben negativ auf eure Gedankenwelt aus und langfristig auch auf eure Gefühle und euer Wohlbefinden. Und wohin das läuft, könnt ihr euch sicher denken. Richtig, genau das nimmt wiederum Einfluss auf eure Gesundheit.

Ein kleiner Tipp: Wenn ihr genau so empfindet und bereit seid, mit eurer Führungskraft darüber zu sprechen, bereitet Vorschläge vor, wie man diese Pain Points am besten angehen kann. Meckern kann ja bekanntlich jeder, aber Vorschläge zu bringen und zu sagen: „Ich glaube, so würde es besser funktionieren, was ist deine (Ihre) Meinung dazu?" zeigt, dass ihr nicht nur rummeckert, sondern aktiv über eure Arbeit nachdenkt. Viele Führungskräfte sind für solche Hinweise dankbar. Sie können ja nicht immer alle Perspektiven auf einmal einnehmen, genauso wenig, wie sie in euren Kopf schauen können. Führungskräfte kennen vielleicht die Prozesse, euch als Person sowie eure Arbeit und Aufgaben, aber sie arbeiten nicht selbst in euren Abläufen. Sie schauen oftmals von oben drauf. Umso wichtiger ist es, dass von euch aus dem eigentlichen Tagesgeschäft Feedback kommt. Ob am Ende diese Vorschläge wirklich umgesetzt werden können, ist ein anderes Thema. Vielleicht liefern eure Vorschläge aber auch einfach einen Denkanstoß, eine Inspiration oder den Hinweis dafür, dass sich die eine oder andere Sache ändern sollte (beziehungsweise muss).

THE PRESSURE IS ON: ÜBER ÄNGSTE, SORGEN & DAS SETZEN VON GRENZEN

Wo waren wir stehen geblieben? Ach ja, bei Dingen, die einen belasten und die man abwerfen sollte. Belastende Dinge sind langfristig nicht tragbar, und je länger ihr diese mitschleift, umso größer wird der Ballast. Und meistens bleibt es nicht bei einer Sache, die euch schwer auf den Schultern liegt, vor allem nicht in einem ungesunden Arbeitsumfeld. Wenn ich an meine Erfahrungen zurückdenke und auch an die aus meinem Umkreis, staut sich diese negative Gedankenwelt mit allen Gefühlen irgendwann an. Es entsteht eine Art mentaler Ordner, in dem sich alle Sachen sammeln, die einen nerven und/oder belasten. Dieser Ordner wird dicker und dicker, und ständig kommen neue Seiten hinzu, die abgeheftet werden. Irgendwann ist dieser Ordner voll (oder die Cloud hat keinen Speicherplatz mehr). Es passt einfach nichts mehr rein. Ihr versucht vielleicht, diese eine kleine, wirklich dünne Seite noch hineinzuquetschen, aber es klappt nicht, egal, wie viel Kraft ihr aufbringt.

In diesem Ordner befindet sich vielleicht der hohe Workload, die desinteressierte Führungskraft, das Kollegium, die Unternehmensstrukturen und -prozesse, Aufgabenbereiche, private Päckchen, die ihr tragt, oder ein Mix aus allem. Und wenn nichts mehr geht, dann passiert es: Der Ordner reißt, und nach und nach fallen alle Einzelteile raus. Ihr steht da und schaut auf eine monatelange, ja, womöglich sogar jahrelange Ansammlung von Seiten. Das Durcheinander auf dem Boden. Der kaputter Ordner. Burn-out.

Die zwölf Burnout-Phasen nach Freudenberger

Jetzt habe ich das Wort „Burn-out" einfach rausgehauen, ohne näher darauf einzugehen. Mir ist aber wichtig, dass wir manche Begrifflichkeiten definieren oder, wenn es keine allgemeingültige Definition gibt, uns kurz damit auseinandersetzen. „Burn-out", da steckt die Definition schon in dem Wort drin, nämlich „ausbrennen". Genauso fühlt es sich auch an, wenn das Ende einer langen Reise erreicht ist (wobei die Reise in diesem Zusammenhang keine schöne war). Ein Burn-out passiert nicht von heute auf morgen. Man erkrankt nicht daran, weil man einmal Überstunden geleistet, eine stressige Phase im Job oder im privaten Umfeld hatte. Ein Burn-out ist schlimm, wirklich schlimm, und wird leider immer noch viel zu häufig belächelt oder abgetan: „Ach, die kann

nicht mit Stress umgehen“; „Wieso stellt er sich so an? Der ist ja gar nicht belastbar“; „Diese Generation ist so verweichlicht.“ (Apropos Generation – spannendes Thema, aber dazu kommen wir später noch. #Spannungsbogen).
Ein Burn-out kann laut oder leise passieren, wobei ein stilles Burn-out schwerer zu erkennen ist als ein lautes, bei dem die Symptome sehr eindeutig sind. Entscheidungsunfähigkeit, Schlafstörungen, Erschöpfung oder Konzentrationsstörungen sind nur einige mögliche Symptome eines Burn-outs. Der Prozess eines stillen Burn-outs hingegen passiert langsam, beinahe schleichend. Egal, von welcher Art man betroffen ist, eines steht fest: Bei einem Burn-out kommt alles zusammen.
Du fühlst dich leer, schwach und erschöpft. Alles, was du machst, kostet dich viel Kraft und Energie. In dir herrscht vielleicht eine innere Unruhe und du fühlst dich selbst mit den vermeintlich einfachsten Dingen, wie zu entscheiden, welchen Tee du gleich trinken möchtest, einfach überfordert. Tatsächlich sind das aber Anzeichen, die auch bei Depressionen vorkommen können, weshalb es schwer ist, diese beiden Erkrankungen zu unterscheiden. Es ist jedoch sehr wichtig, beide Krankheiten klar voneinander zu trennen, denn was bei einem Burn-out hilfreich sein kann, kann sich bei einer Depression negativ auswirken und diese womöglich sogar verstärken.

!! Wenn es euch nicht gut geht und ihr das Gefühl habt, ihr könntet von einer Depression oder einem Burn-out betroffen sein, solltet ihr euch unbedingt professionelle Hilfe suchen.

So oder so mag ich es mir gar nicht vorstellen, wie schlimm es für Betroffene sein muss. Umso wichtiger ist es deshalb, sich die Frage zu stellen: Welchem Zweck dient mein Job? Was erwarte ich von ihm und was möchte ich daraus ziehen?

IST ES NUR EINE PHASE?

Ein Gedanke, der mir in schwierigen Situationen immer geholfen hat und auch weiterhin hilft, ist der, Klarheit darüber zu gewinnen, wie viel Lebenszeit wir mit unserem Job verbringen. Egal ob angestellt oder selbstständig, egal in welcher Branche. Rechnet euch mal aus, wie viel Zeit ihr mit eurem Job verbringt. Bei nine to five bedeutet das, von neun bis 17 Uhr, fünf Tage die Woche. Ein Jahr hat 52 Wochen und 365 Tage. In einem Jahr arbeitet ihr also ungefähr 230 Tage (je nach Feier- und Urlaubstagen). Das ist mehr als die Hälfte, die ein Jahr an Tagen überhaupt zur Verfügung hat! Sprich: Ihr verbringt wirklich eine Menge Zeit mit eurem Job. Gerade wenn ihr mehr aus eurer Arbeit zieht als „nur" die finanzielle Stütze, ist es umso wichtiger, in einem gesunden und für euch passenden Umfeld zu arbeiten.

Vielleicht hilft euch dieser kleine Gedanke, besser zu verstehen, wie schwerwiegend ein ungesundes Arbeitsumfeld sein kann: Denn je länger wir in einem ungesunden Umfeld bleiben, umso schwerwiegender können die langfristigen Folgen sein. Und denkt daran: umso voller und schwerer wird auch euer mentaler Ordner.

Trotzdem dürft ihr eines dabei nicht vergessen: Ihr solltet abschätzen können, wann eine stressige oder schwierige Situation nur eine Phase ist und wann sie zu einem Dauerzustand geworden ist. Eine solche Abwägung ist aber wirklich schwer. Man möchte nicht dauernd einen Jobwechsel vollziehen, quasi von einem ins andere Becken springen, auch weil es sich für einen selbst nicht gerade schön anfühlt. Manchmal füllen sich eure mentalen Ordner so schnell, wie sie sich auch wieder leeren, weil ihr euch mit den abgehefteten Dingen auseinandergesetzt, sie besprochen und sie dann ins Archiv gepackt habt. Manchmal erkennt man jedoch erst im Nachhinein, wann etwas eine Phase war und wann nicht, weil man sich vorher mittendrin befunden hat (ich spreche da aus Erfahrung).

Nach jedem Hoch kommt ein Tief. So wie nach einem Tief auch wieder ein Hoch kommt. Ob das jetzt im selben Job passiert oder nicht, ist situationsabhängig. Und hier würde ich gerne einen Gedanken einwerfen, der mir bisher immer geholfen hat, jede berufliche und auch private Situation besser abwägen zu können: Eine Phase ist eine Phase, wenn eine Besserung in Sicht ist. Ist keine Besserung in Sicht, dann liegt es an mir, etwas an der Situation zu ändern. Es geht nicht darum zu sagen: „Du bist selbst schuld, wenn du nichts änderst", sondern darum, sich aus eigener Kraft heraus als handelnde Person zu erleben. Die Person, die sich selbst ihr neues Glück schafft, statt die Person zu sein, der passiv alles passiert. Dieses Gefühl der Selbstwirksamkeit fühlt sich gut an, und die Wege, über die ihr euer neues Glück beschreitet – die gibt es. Es sind vielleicht nicht immer die leichtesten Wege (wäre ja auch zu schön), aber sie sind da und warten auf euch.

Sobald ich gemerkt habe, dass es mir in meinem Job zunehmend schlechter ging, mich mehr Dinge beschäftigten als sonst und ich auch immer öfter „genervt" morgens den Laptop aufgeklappt habe, habe ich geschaut, wie wahrscheinlich es ist, dass sich die für mich schlechtere Phase wieder ins Positive verändert. Das Beispiel ist jetzt voll banal, aber simpel genug, um das alles besser zu erklären:

In der guten alten Marketing-Bubble sind stressigere und weniger stressigere Phasen in der Regel vorprogrammiert. Etwa durch die (Vor-) Weihnachtszeit oder dem „Sommerloch". Wusste ich im letzten Quartal eines Jahres nicht mehr, wo oben und unten ist, weil in letzter Minute noch das restliche Budget rausgeballert werden sollte und im Gegensatz dazu im Juli und August alles eher relativ entspannt war, dann war das für mich nichts Neues mehr. Diese Phasen wiederholen sich jedes Jahr.

Hier helfen Fragen wie: Ist der Workload gerade höher als sonst, weil beispielsweise eine Position nicht besetzt ist oder gerade viele im Urlaub sind? Ist es saisonabhängig? Ist die Stimmung komisch, und wenn ja, warum? Stören oder hindern mich Arbeitsprozesse, meinen Job ordnungsgemäß auszuführen? Wenn ja – kann ich etwas daran ändern? Kann ich damit leben oder eher nicht?

Und so, wie Phasen eben Phasen sind, könnte dann nicht auch ein Job eine Phase sein? Lebensumstände ändern sich, wir verändern uns, entwickeln uns weiter, die Ansprüche, die wir stellen, werden größer oder weniger, wir finden neue Ziele, die wir erreichen möchten.

Und und und ... Wünsche und Bedürfnisse dürfen sich je nach Lebensphase und je nach Erfahrung ändern. Vielleicht sollten sie es sogar.
Wenn ich nach meiner Ausbildung einen Job in meiner Heimat annehme, der für mich nicht perfekt scheint, weil ich eigentlich woanders leben möchte und andere Ziele für mein Leben vorsehe, ich aber die Möglichkeit habe, beispielsweise für einen bestimmten Zeitraum sicher angestellt zu sein und Erfahrungen zu sammeln, dann kann der Job Mittel zum Zweck sein (ohne direkt ungesund zu werden). Manchmal braucht es Umwege, um an das nächste Ziel zu kommen. Und manchmal wissen wir gar nicht, was hinter diesen Zielen auf uns wartet und welche neuen Ideen und Wünsche wir dann vielleicht entwickeln. Ich sag's gern nochmal: Wir dürfen unsere Wege verändern oder komplett umschmeißen.
Mein Job in der Ausbildung und auch mein Job im Onlinemarketing zu Beginn meines Studiums haben mir rein von den Aufgaben her keinen Spaß bereitet. Euch nervt das Wort bestimmt schon, aber das „große Ganze" hat in beiden Fällen trotzdem gestimmt – sogar sehr. Mein Ausbildungsbetrieb war einfach erste Sahne. Ich hatte eine tolle Betreuung, konnte so viele verschiedene Abteilungen in einem Unternehmen kennenlernen (gefühlt alle, die es gab), wusste dadurch, was ich auf keinen Fall möchte, und auch, was ich später machen wollte – wohin mein beruflicher Weg gehen sollte. Dann habe ich diesen Weg eingeschlagen und mir eine Stelle im Marketing gesucht. Es war schlichtweg mein Ding. Als ich beim nächsten Stopp angekommen war, kam mir irgendwann die Erkenntnis: „Ah, na ja. Also Paid Social ist vielleicht doch nicht so meins." Am Ende bin ich trotzdem gerne zur Arbeit gegangen (oder habe aus dem Homeoffice den Laptop aufgeklappt, weil Corona um die Ecke kam). Ich konnte durch diese Stelle mein Studium beginnen, was ich mir so gewünscht hatte, und wurde gleichzeitig noch gefördert. Ohne diese Chance wären da sicher kein Studium und keine Entwicklung in diesem Rahmen möglich gewesen.
Womöglich sagen jetzt einige: „Ja, okay. Aber alles andere scheint ja dennoch super gepasst zu haben." I got you. Ich habe auch nie etwas anderes behauptet. Trotzdem zeigt es, dass ein Job Mittel zum Zweck sein kann. In welchem Ausmaß das am Ende passiert, muss und sollte

jede und jeder für sich selbst entscheiden. Bei mir war es die Arbeit, die nicht so passte, denn richtig coole und weltbewegende Sachen konnte ich da im Marketing nicht anstellen. Nicht so, wie von mir erträumt.
Ich kann mich noch sehr gut an eine Äußerung von mir erinnern: „Wenn ich mal im Marketing arbeite, dann will ich auch richtig nice Sachen machen. Dinge, die anderen Freude bereiten. Kampagnen, die die Menschen toll oder witzig finden. Eben gutes Marketing. Ich möchte durch einen Laden laufen oder durch die Straßen gehen und sagen können: „Guck mal! Daran habe ich mitgearbeitet", Joi, 22 Jahre alt. Ich muss gerade über diese Sätze etwas schmunzeln, weil ich sie wirklich so ausgesprochen habe. Irgendwie süß.
Aber wir schweifen ab. Kurz gesagt: Überlegt euch, in welcher Beziehung ihr zu eurem Job steht, denn das kann euch eine Menge Druck und Last abnehmen. Zumindest Gedanklich, aber auch das ist eine Menge wert.

FIFTY SHADES OF STRESS

Wichtig ist auch, zu erkennen, was genau Stress oder ein Stressempfinden auslöst, wenn es dann so weit ist. Also quasi den genauen Ursprung zu analysieren. Wir alle haben ein individuelles Maß an Stresslevelkapazität, so wie sich bei jeder Person Stress auch anders äußern kann. Manche leiden unter Kopfschmerzen, andere unter Erschöpfung. Manche sind emotionaler und manche fühlen einen bunten Mix aus allem. Stressfaktoren zu erkennen und ihnen dadurch bewusster gegenüberzutreten, kann also dazu beitragen, Stress zu minimieren.
Wenn wir an Stress denken, denken wir sicher zuerst einmal an das Arbeitspensum – den Workload. Da gehe ich übrigens total mit. Wenn ich zurückblicke, gab es immer Phasen, in denen sich die Arbeit aus unterschiedlichsten Gründen anhäufte. Mal wartete ich auf eine Rückmeldung, ohne die ich nicht weitermachen konnte, manchmal kamen Urlaub und Krankheit ins Spiel, neue Aufgaben mit entsprechender Priorisierung, Umstrukturierungen und so weiter und so fort. Dieser typische Druck im Kopf, der eher ein starkes, angespanntes Gefühl als typische Kopfschmerzen hinterlässt, den spüre ich heute noch, vor al-

lem, wenn die Bildschirmzeit „ein wenig" ausgereizt wurde. Und dieser Druck verschwand nicht, sobald ich eine Aufgabe erledigt hatte. Er blieb und kam in den stressigen Phasen am nächsten Morgen pünktlich um acht Uhr wieder.

Man sitzt vor dem PC, starrt auf den Bildschirm, schaut in den Kalender und auf seine Aufgaben. So wie jeden Tag. Manchmal fühlt es sich an, als würde man zwischen den Aufgaben und Terminen nur so hin- und herschwimmen. Man schwimmt von A nach B, und oft fällt es schwer, sich dann überhaupt noch auf irgendwas zu konzentrieren. Man hat das Gefühl, nichts zu schaffen, weil man für keine Aufgabe so richtig Zeit hat. Genauso aber kann das Gefühl entstehen, viel zu schaffen, weil man gerade jeden Tag aufs Neue einen Sprint hinlegt und sich dadurch eine Art Nervosität aufbaut. Als stünde man dauerhaft unter Adrenalin. Als hätte man wirklich viel zu viele Tassen Kaffee getrunken, bloß jeden Tag aufs Neue.

Und bevor hier jetzt ein kleiner Klugscheißer um die Ecke kommt (nehmt es mit Humor) mit den Worten: „Das liegt nur an deinem Zeitmanagement!" Ja, klar. Allerdings nur bis zu einem bestimmten Grad. Ein gutes Zeitmanagement und die Priorisierung von Aufgaben sind wirklich wichtig. Doch bringt einem die beste Tagesplanung nichts, wenn der Kopf die Aufgaben trotzdem durcheinanderwürfelt, dieses angespannte Gefühl im Kopf da ist, in dem Wissen, dass man übermäßig viel zu tun hat. Also ja, ein hoher Workload ist auf jeden Fall ein Stressfaktor – auch für diejenigen von euch, die keine emotionale Bindung zu ihrem Job haben oder eine Sinnerfüllung in ihm sehen.

Für den Fall, dass ihr das Gefühl habt, eure Aufgaben fressen euch förmlich auf – schreibt euch alles runter, schreibt es euch aus dem Kopf! Ich könnte mir übrigens vorstellen, dass ich mich immer mal wiederhole – zumindest habe ich gerade ein Déjà-vu, dass ich diesen Tipp schon mal gegeben habe: Sprecht euren Workload bei eurer Führungskraft an und fragt proaktiv nach Unterstützung bei der Priorisierung eurer Aufgaben. Euer Workload ist kein Tabuthema. Ihr meckert nicht über eure Aufgaben oder möchtet „weniger arbeiten". Ihr fördert qualitative Arbeit, denn ihr minimiert Fehlerquellen. Ein zu hoher Workload wirkt sich nämlich langfristig negativ auf die eigene Arbeit aus.

EIN HOHER
WORKLOAD IST
NICHT COOL.

Stellt euch vor, ihr ballert förmlich alle To-dos weg, ihr habt im Dauerzustand ein Stressgefühl, einen Druck im Kopf, ihr schwimmt von A nach B, wisst nicht mehr, wo oben und unten ist. Ihr arbeitet schneller, um alles zu schaffen, erhöht dadurch aber wieder den Stress, weil ihr mehr in der gleichen Zeit schaffen wollt – und was passiert? Ihr macht Fehler, die nicht schlimm sind, denn jeder macht sie. Aber wird der Workload verringert, kann zumindest ihre Wahrscheinlichkeit verringert werden. Was ihr euch also merken könnt: Es ist völlig legitim, einen hohen Workload zu thematisieren, und am Ende wird sich dieser kleine Schritt positiv auf euch auswirken. Ihr nehmt euch ganz bewusst den Druck raus, alles auf einmal zu erledigen. Außerdem ist es immer besser, Sachen proaktiv anzusprechen, als hinterher etwas erklären zu müssen.

„Wenn dir dein Job Spaß macht, machst du dich kaputt." Das ist ein Satz, den ich immer mal wieder auf Social Media lese oder höre. Aber stimmt das wirklich oder ist das nur die eigene Wahrnehmung?

Macht mir mein Job Spaß, ist die Wahrscheinlichkeit sicher höher, dass ich anfange mehr zu geben, als nach den vertraglichen Rahmenbedingungen festgelegt. Mehr Überstunden, mehr Emotionen, die in alles reinspielen, eine höhere Arbeitsmoral. Uns bedeutet der Job vielleicht auch einfach mehr. Grundsätzlich ist das aber nicht verkehrt, und es ist auch nicht verkehrt, wenn wir mal mehr geben, als vertraglich festgelegt. „Mehr geben" heißt auch nicht, sich „kaputt zu machen".

Wichtig ist dabei aber, die eigenen Grenzen zu kennen und deutlich zu ziehen. Das ist auf jeden Fall meine Meinung. Ob und in welchem Umfang das jemand von euch realisieren möchte, bleibt, wie immer, eure eigene Entscheidung.

Klar ist jedoch, der persönliche Umgang mit dem eigenen Job kann ein Stressfaktor sein, wenn wir selbst nicht mehr einschätzen können, wann „mehr geben" zur übermäßigen Aufopferung wird und wir uns selbst keine Grenzen setzen.

Ich muss gestehen, dass ich mir selbst manchmal keine Grenzen gesetzt habe. Vor allem nicht zu Beginn eines neuen Jobs. Ich bin überzeugt davon, dass das etwas mit der Probezeit zu tun hatte. Vielleicht auch generell mit der Tatsache, das Gefühl zu haben, nicht gut genug zu sein. Die Angst vor dem Versagen.

Was ist, wenn ich das alles nicht schaffe? Was ist, wenn ich den Aufgaben nicht gewachsen bin?

Was ist, wenn ich nächstes Mal ein schlechtes Feedback bekomme? Hat meine Führungskraft dann ein schlechtes Bild von mir? Werde ich das schlechte Bild wieder los?

Was denken meine Kolleginnen und Kollegen von mir?

Bin ich überhaupt gut genug für den Job?

Kann ich meine Führungskraft umstimmen? Wie kann ich sie umstimmen? Was kann ich tun?

Vielleicht gehört ihr zu der Fraktion, die diese Gedanken eher nicht kennt, vielleicht aber auch zu denen, die sich hier wiederfinden. Die Angst zu versagen kann nicht nur ein Kopfkino auslösen und einen selbst in den persönlichen Worst Case versetzen, sondern auch Bauchschmerzen verursachen – wortwörtlich. Ängste sind vielfältig und können verschiedene Ursprünge haben. Manchmal sind sie stärker, manchmal schwächer, aber auch sie können in den großen mentalen Ordner reingepackt werden, den wir die ganze Zeit mit uns rumschleppen.

Gerade wenn wir Kritik erhalten (gerechtfertigt oder nicht, das ist Nebensache), löst diese in vielen von uns erst mal etwas Negatives aus. Wir hinterfragen uns und unsere Fähigkeiten. Versteht mich nicht falsch – Kritik ist wie Feedback superwichtig. Kritik hilft uns dabei, besser zu werden, zu lernen und uns weiterzuentwickeln. Aber sie kann auch genauso gut Selbstzweifel auslösen, gerade wenn sie einem übermäßig stark erscheint.

Und egal, ob diese Versagensangst durch eure Führungskraft, andere äußere Umstände oder durch eure eigene Gedankenwelt ausgelöst wird, ich kann euch einen Tipp mitgeben, der mir geholfen hat, eine Art „neutrale Selbstbewertung" durchzuführen: Feedback von außen. Wenn ihr einen guten Kontakt zu euren Kolleginnen und Kollegen pflegt oder zumindest das Gefühl habt, dass ihr euch mit ihnen austauschen könnt, dann fragt proaktiv nach Feedback. Vielleicht kann nicht jede Person eure Arbeit direkt beurteilen, aber euer Team arbeitet mit euch. In vielen Fällen vielleicht sogar enger, als eure Führungskraft es tut. Die Perspektive ist eine andere als die, die eure Führungskraft einnimmt, gerade, wenn diese das Tagesgeschäft nicht so gut kennt. Ihr braucht hier übrigens nicht fünf verschiedene Leute zu fragen. Manchmal reichen zwei Personen oder auch nur eine. Wichtig ist: Fragt hier nach einem konstruktiven Feedback. Es bringt euch nichts, wenn ihr (Achtung, neues Sprichwort!) „Honig um den Mund geschmiert bekommt". Auch wenn der Honig gut schmeckt, möchtet ihr durch dieses Feedback ja eines erreichen: ein möglichst objektives Gesamtbild. Und neben einem externen Feedback könnt ihr auch Buch führen.

Welche Aufgaben/Projekte hast du genau?

Was schaffst du am Tag?

Was sind deine Pain Points, die dich bei deinen Aufgaben behindert haben?

Was sind deine Ziele für heute?

Was sind deine Ziele für diese Woche?

Die Tages- und Wochenziele gehen ein wenig in Richtung Zeitmanagement und fließen auch in die Vorbereitung von Feedback-Gesprächen oder Jahresendgesprächen mit ein. Darum geht es auch, denn eine Liste, die ihr anfangt zu schreiben, und sei es nur, um irgendwelche Dinge aus dem Kopf zu bekommen, dient euch im nächsten Schritt schon als Unterstützung. Ja, vielleicht hilft euch diese Liste oder neu gewonnene Struktur bei der Vorbereitung auf euer nächstes Feedback-Gespräch.

Die Angst zu versagen – sie ist ein Stressfaktor, denn Ängste bremsen uns aus und hemmen unsere Produktivität. Gleichzeitig fördern sie den Druck, diese Angst nicht gewinnen zu lassen.

Wenn ich diese Angst gespürt habe, dann hat sie mich oft darin gebremst, „loszulassen" und einfach zu machen. Ich habe alles tausendfach hinterfragt, jeden noch so kleinen Arbeitsschritt, und gleichzeitig doch irgendwie versucht, meine Ängste durch „Mehrarbeit" beziehungsweise übermäßige Aufopferung zu kompensieren. WOW. Das ist mir gerade selbst erst so richtig bewusst geworden. Das war bei meinem ersten Job im Studium so, aber insbesondere bei meinem letzten. Natürlich liegt es an mir, meine Grenzen zu setzen, und wenn ich das nicht mache, na ja, dann kann ich auch nicht auf andere zeigen und erwarten, dass mir diese Aufgabe abgenommen wird. Wobei ich sagen würde, dass das auch nur bis zu einem bestimmten Grad gilt.

Wenn ich mitbekomme, dass andere aus dem Team teilweise bis 22 Uhr (oder darüber hinaus) am Laptop sitzen, am Wochenende oder während sie krank sind weiterarbeiten, dann kann dies bei einem selbst Druck auslösen, genau diese Mehrarbeit ebenfalls leisten zu müssen.

Und Achtung, jetzt kommt's: Ein hoher Workload ist nicht cool! Viel zu arbeiten ist nicht cool. Am Wochenende, im Urlaub oder während man krank ist zu arbeiten, ist ebenfalls nicht cool und macht dich auch nicht zu einer produktiveren oder besseren Person. Diese „Hustle-Mentalität" war (leider) mal cool und ist es in vielen Bereichen bis heute immer noch. Dabei sollte sie es nicht sein, und ich bin mehr als froh darüber, dass diese Denkweise mehr und mehr abnimmt.

HUSTLE CULTURE

Bezeichnet eine Lebenseinstellung, die die Karriere über alles andere stellt und dafür übermäßige Überstunden, das bewusste Ignorieren von körperlichen Bedürfnissen und auch die Vernachlässigung sozialer Kontakte in Kauf nimmt.
Menschen, die bewusst oder unbewusst in dieser Culture „gefangen" sind, versprechen sich durch ihre Aufopferung ein finanziell erfülltes Leben.

Zumindest sagt mir das meine Erfahrung, mein Empfinden. Wie konnte diese „Schau mich an, ich sitze noch bis 23 Uhr am Laptop und habe ja so viel zu tun"-Mentalität überhaupt jemals cool sein? Versteht mich nicht falsch: Manchmal erlauben es äußere Umstände nicht, den Feierabend so zu gestalten, wie man es gerne hätte, genauso, wie es einen Unterschied macht, ob man selbstständig oder angestellt ist. Gerade die Selbstständigkeit ist in diesem Zusammenhang nochmal ein ganz anderer Schnack.
Vielleicht kennt ihr ja eine Person, die selbstständig ist? In der Selbstständigkeit verschwimmen die Grenzen zwischen beruflich und privat mehr, als wenn man angestellt ist. Man ist seine eigene Führungskraft und seine eigene Angestellte, weil man eben auch selbst für sein Gehalt verantwortlich ist, und dieser Fakt führt nicht selten zu Grenzüberschreitungen.
Ich spreche da aus Erfahrung: Man hat immer das Gefühl, doch noch das eine oder andere machen zu können, vielleicht auch zu müssen. Hier noch mal ein Stündchen am Laptop sitzen, da noch mal was für morgen vorbereiten. Wann ist Feierabend wirklich Feierabend? Ich glaube, genau diese Grenze zu ziehen ist in der Selbstständigkeit eine der schwersten. Und wenn dann die Selbstständigkeit Hobby oder Leidenschaft zugleich ist, eben Spaß macht, wie es auch ein Job im Angestelltenverhältnis tun kann, verschwimmen diese Grenzen zwischen

beruflich und privat umso mehr (hab das Gefühl, wir gehen gleich baden, so viel, wie wir hier rumschwimmen).
Die „Hustle-Mentalität“ in der Selbstständigkeit ist genauso präsent wie im Angestelltendasein. Höher, weiter, schneller. Wer mehr oder viel arbeitet, erreicht ja auch mehr. Ist besser, klüger, erfolgreicher.
Wir dürfen leidenschaftlich sein und wir dürfen auch mehr arbeiten, ob für unseren Job im Angestelltenverhältnis oder in der Selbstständigkeit. Und ja – auch hier ist balance wieder the key. Wenn ich von der „Hustle-Mentalität“ rede, rede ich genau von dieser Einstellung, eben cool zu sein und vor allem mehr wert zu sein als andere, wenn viel auf dem Tisch liegt und man übermäßig viel arbeitet. Sie erinnert mich irgendwie immer an diese dämlichen Vergleiche zwischen Schulabschlüssen, Studium und Ausbildung. Vielleicht auch daran, dass sich @justus_123 in den Kommentaren auf Instagram darüber lustig macht, wie billig ein Marketingstudium sei und sich Jurastudenten wiederum über Justus lustig machen, weil BWL so 0815 sei und das sowieso jeder Zweite studiere. Ganz nach dem Motto: „Also, so heftig ist das ja nun nicht. Das kann ja jeder.“ Wer entscheidet eigentlich, was heftig ist und was nicht? Neulich habe ich einen Kommentar unter einem meiner Videos gesehen, wo jemand schrieb, Statistik sei noch leichte Mathematik *Zwinker*. BOAAAAAH. Sei einfach ruhig. Wirklich.
Okay, ein kleiner Exkurs dazu, wie grundsätzlich dämlich und unnötig diese Vergleiche generell sind, weil wir sowieso alle das machen sollten, auf was wir Lust haben. Und davon mal ganz abgesehen, wir alle haben unsere Stärken und Schwächen. Eine Person kann sehr gut in naturwissenschaftlichen oder wirtschaftlichen Thematiken sein, aber Schwächen in kreativen Bereichen haben. Stellt euch vor, wir hätten alle in denselben Dingen Stärken und Schwächen, geschweige denn die gleichen Interessen. Das würde die Welt bestimmt ganz schön chaotisch machen. Also ist es doch umso schöner, dass wir verschieden sind und unseren individuellen Interessen nachgehen können.
Aber zurück zum Thema: Sich zu vergleichen löst Druck aus, und das nicht nur im privaten Umfeld. Wenn alle um mich herum übermäßig Mehrarbeit leisten, aus welchen Gründen auch immer, wirkt sich das auch auf mich und meine Arbeit aus. Muss ich das auch machen?

Sollte ich vielleicht viel länger arbeiten als vertraglich geregelt? Bin ich da zu kleinlich oder nicht engagiert genug? Wo ist die goldene Mitte – und wie finde ich sie?

„Du bist nicht teamfähig“, das war einer der Sätze, der mir seit diesem (ganz besonderen) Jahresendgespräch nicht mehr aus dem Kopf geht, genauso wie der Satz „Alle geben hier ihr Bestes, nur du nicht“, und das nur, weil ich irgendwann angefangen habe, mich an die geregelten Arbeits- und Pausenzeiten zu halten (es sei denn, Überstunden „mussten“ doch mal sein).

Wieso ich damit begonnen habe? Weil mein Engagement eh nicht wertgeschätzt wurde. Da war es aus meiner Perspektive egal, was ich gemacht habe. Ich hätte auch eine Woche durcharbeiten können, am Ende wäre ich trotzdem in derselben Situation gelandet. Wozu also dann diese „Aufopferung“? Wozu das „Mehr geben“? Versteht mich nicht falsch: Ich möchte nicht dauernd ein Lob hören, wie toll es von mir ist, dass ich mehr arbeite, denn ich lebe die „Hustle-Mentalität“ in keinster Weise. Ich „gebe mehr“, weil ich meinen Job in erster Linie gerne mache und weil es sich einfach geil anfühlt, erfolgreich zu sein – vor allem mit anderen zusammen!

Ich gebe also mehr, weil ich das so möchte. Oder nicht? Gebe ich vielleicht doch mehr, weil ich das Gefühl habe, es wird von mir erwartet? Als diese Sätze fielen, fühlte es sich nämlich so an. Diese „Aufopferung“ wird von mir erwartet. Womöglich, weil meine Führungskraft diese selbst leistet.

Wenn Führungskräfte die „Aufopferung ist geil“-Mentalität in sich tragen und im Arbeitskontext ausleben, kann das gesunde Arbeitsumfeld ganz schnell mal kippen. Vor allem dann, wenn die Mitarbeitenden das Gefühl bekommen, genauso agieren zu müssen, oder wenn es Personen innerhalb des Teams gibt, die von sich aus diese Mentalität ausleben (möchten), weil sie es nicht anders kennen und das alles als normal betrachten. Da bringt es auch nichts, wenn die Führungskraft immer wieder sagt: „Ja, aber mach bitte rechtzeitig deinen Laptop aus“ oder „Wenn du krank bist, bist du krank“, wenn dann doch unterschwellig das Gefühl da ist (oder gegeben wird), man müsste trotz allem erreichbar sein, das wäre „cool“.

ICH GEBE ALSO MEHR, WEIL ICH DAS SO MÖCHTE. ODER NICHT?

Jetzt könnte man sagen: „Okay, selbst schuld, wenn du dich davon mitreißen oder beeinflussen lässt. Ich mache halt meine Stunden, und gut ist", aber so einfach ist das nicht. Grenzen richtig einzuschätzen und am Ende auch zu setzen, geht nicht jeder Person so leicht von der Hand. Es fühlt sich oft auch komisch an, ja, vielleicht auch unangenehm, und da nehme ich mich selbst nicht aus. Gleichzeitig sind da Gründe wie Karriere, Gehaltsverhandlung oder das Sicherheitsgefühl, die einen oft daran hindern, Grenzen zu setzen. Das eigene Team kann ebenso ein Grund sein. Immerhin möchte man ja nicht alleine gegen den „Unternehmensstil" verstoßen und sich damit womöglich ins Aus befördern und schlecht bei anderen dastehen.
Für mich hat es sich lange Zeit sehr seltsam angefühlt, überhaupt Kritik an meiner Führungskraft zu üben, egal, wie gut das Verhältnis war. Und auch hier sind wir wieder bei dem Punkt, in welcher Beziehung man zum eigenen Job steht. Eine sinnsuchende Beziehung erschwert das Setzen von Grenzen oder liefert eine Basis dafür, übermäßig mehr zu arbeiten, sich aufzuopfern, genauso wie der existenzielle Druck, wenn man sehr auf seinen Job oder die nächste Gehaltsverhandlung angewiesen ist.
Fragt euch also mal, ob ihr diese Mehrarbeit leistet, weil ihr euren Job gerne macht, weil ihr ihn liebt, oder weil ihr das Gefühl habt, übermäßig mehr machen zu müssen. Welche Gefühle löst die Mehrarbeit in euch aus und wie wird diese wertgeschätzt? Wird sie überhaupt wertgeschätzt? Steht die Mehrarbeit in irgendeinem Verhältnis zum geregelten Arbeitsverhältnis?
Taucht hier in euer eigenes Arbeitsumfeld ein, und falls ihr gut Grenzen setzen könnt – eventuell habt ihr ja Leute in eurem Team oder im privaten Umfeld, denen das schwerfällt und die sich schnell mitreißen lassen – vielleicht seid ihr in diesem Fall die Person, die keine Unterstützung benötigt, sondern die, die welche gibt, und das ist mindestens genauso hilfreich!

Halten wir fest: Die Beziehung zum eigenen Job zu kennen und für sich zu definieren, ist wichtig. Ihr dürft euren Job als existenzielle Sicherheit ansehen. Es ist okay, keine Lieblingskollegin oder „Arbeitsbestie" sein zu wollen und beruflich und privat strikt voneinander zu trennen. Genauso dürft ihr in eurem Job aber auch Erfüllung finden, Spaß haben, Kontakte knüpfen, Berufliches und Privates enger miteinander verbinden. Es ist eure Entscheidung. Wichtig ist dabei nur, Grenzen zu setzen und auf sich selbst zu achten – und das in beiden Fällen.

Was ist dir in deinem Job wichtig?

Welche Punkte werden aktuell erfüllt?

Welche Punkte fehlen dir?

Was sind deine persönlichen Grenzen im Job?

Werden diese Grenzen aktuell ausgereizt?

☐ Nein ☐ Ja Wenn ja:

Welche Grenzen werden ausgereizt und wie fühlst du dich damit?

Kannst du etwas tun, um dem entgegenzuwirken (wie beispielsweise das Gespräch suchen etc.)?

IM GESPRÄCH MIT DR. MIRIAM STARK

Miriam Stark ist Wirtschaftspsychologin, Beraterin, Mentorin für kreatives Unternehmertum und Zyklus sowie Autorin des Buches *Natural Flow. Wie du die Psychologie deines Zyklus für dich nutzt.*

Wie findet man deiner Meinung nach für sich die passende Erwartungshaltung gegenüber dem eigenen Job?

Meiner persönlichen Meinung nach sollten wir uns mit nichts weniger zufriedengeben als unserer Berufung. Und gleichzeitig ist es ein wahnsinniger Luxus, sich diese Frage stellen zu dürfen. Dass man, auch wenn es um das Sichern der eigenen Existenz geht, trotzdem danach gehen darf: Macht es Spaß, sind die Menschen gut und komme ich da im Idealfall mit mehr Energie raus, als ich reingegangen bin? Das finde ich wichtig, um zu sehen, ob das der richtige Ort für mich ist. Das heißt nicht, dass ich mein Leben lang durch genau das glücklich sein werde, sondern, dass ich für den Moment einen coolen Ort gefunden habe.

Würdest du sagen, es gibt einen Mittelweg zwischen Menschsein und mitarbeitende Person sein?

In meinem Verständnis nicht. Ich kämpfe dafür, dass wir als ganzer Mensch arbeiten dürfen, dass wir uns nicht beschneiden müssen, sondern dass wir sogar, und das ist ja meine Expertise, uns mit unserem ganzen zyklischen Sein in die Arbeitswelt reinbegeben dürfen. Wir alle haben verschiedene Superkräfte, aber auch verschiedene Themen, die uns beschäftigen. Für diese Themen brauchen wir Raum und gegenseitigen Support.

Wie schaffe ich es, meine eigenen Bedürfnisse im Job umzusetzen?

In meiner Arbeit schaue ich besonders auf die Menschen, die mit einer Gebärmutter geboren wurden und sich nach ihrem natürlichen Rhythmus orientieren. Sie können sich je nach Zyklusphase fragen: „Was sind meine konkreten Bedürfnisse?" Da kann es einen Monat geben, in dem ich nach dem Eisprung total viel Kraft habe und super leistungsorientiert bin, es kann aber auch Zeiten geben, in denen dieser Anteil in uns auf psychologischer Ebene ein Thema hat und dann überhaupt keinen Zugang zu dieser Superkraft hat. Dann geht es eher darum, mich zurückzuziehen und für das Thema Raum zu haben. Es sollte daher eine Perspektive auf meine tatsächlichen Bedürfnisse geben. Ich sage immer, man muss einen Pausenbuzzer für sich bereithalten, auf den man hauen und sagen kann: „Stopp ey, ich muss jetzt erst mal in mich reingehen."

Wie sehr muss ich mich im Job und für den Job deiner Meinung nach zusammenreißen?

Hoffentlich gar nicht. Ich glaube, dass Authentizität, was auch immer sie mit sich bringt, viel effizienter und nachhaltiger ist als irgendeine Form von Fake. Es sollte nicht darauf hinauslaufen, dass wir all unsere tiefen inneren Themen mit in die Arbeitswelt reinbringen, weil der Arbeitskontext ja auch dafür da ist, dass man gemeinsam an einem Strang zieht, um etwas Gemeinsames zu bewirken. Deswegen glaube ich schon, dass es privatere Spaces geben darf, in denen wir die Tiefe unserer Themen angucken. Und ich glaube, dass das auch gar nicht gesund ist, wenn man das vermischt.

Wie würdest du sagen, ist da der aktuelle Status quo in der Arbeitswelt?

Die Umsetzung ist aus meiner Perspektive noch sehr schwierig, also zu sagen: Okay, ich ziehe mich jetzt raus, weil ich im Moment ein privates Thema habe.
Gerade ist es noch nicht auf dem Stand, den ich mir wünsche. Was wir brauchen sind Kompensationsstrategien ähnlich den Krankheitstagen. Es ist ein supersmartes Investment, „Gesundheitstage“ für solche Fälle einzuführen. Dadurch wachsen langfristig stabile, gesunde, resiliente Mitarbeitende heran. Es geht dabei auch um den Paradigmenwechsel, Leistungsorientierung nicht mehr höher zu priorisieren als den Menschen an sich.

Was für Möglichkeiten habe ich, mit schwierigen Situationen im Job umzugehen?

Das Aussprechen, also den Mut haben zu sagen: „So, mein Limit ist erreicht.“ Und das mit einer gewissen Eigenverantwortung verbinden, auch damit, seine eigenen Grenzen kennenzulernen. Dazu muss ich sagen: Das kann man am Anfang noch nicht. Diese Arbeitswelt suggeriert: „Du musst Vollgas geben und dann wirst du gesehen!“ Darum gehen Menschen, die neu in die Arbeitswelt reinkommen, häufig über ihre Grenzen und melden sie viel zu spät. Umso wichtiger ist es, sich und die eigenen Kapazitäten kennenzulernen und frühzeitig Bescheid zu sagen. Und dann auch vielleicht kreative Lösungen anzubieten, wie die Belastung umverteilt werden kann. Auch um das organisatorisch mitzudenken und nicht nur zu sagen: „Es ist mir zu viel, tschööö.“ Um langfristig eine Lösung zu finden, ist es wichtig, hierarchieunabhängig und -übergreifend über nachhaltige Lösungen nachzudenken, sodass diese Überforderung erst gar nicht wiederkommt. Generell finde ich aber, dass man überhaupt nichts mehr aushalten muss. Das „Zähne zusammenbeißen“-Zeitalter ist vorbei.

Wann ist der Moment gekommen, um zu sagen, dass meine Grenze erreicht ist?

Das ist superindividuell, weil Resilienz unter anderem dadurch mitbestimmt ist, wie du auf diese Erde kommst, ob du beim Aufwachsen Traumata erlebst und Ähnliches. Mein Gefühl wäre, sich maximal einen Monat Zeit zu geben, und wenn man dann merkt, ich habe keine Energie mehr, ich lache nicht, ich habe keine Freude mehr auf der Arbeit, ich komme mit ganz doofen Gefühlen und mit weniger Energie nach Hause, als ich in den Tag gestartet bin, und das regelmäßig – dann würde ich den Stecker ziehen.

Woher weiß ich, dass ich mich aufopfere? Gibt es deiner Meinung nach Anzeichen dafür, dass es eine grenzüberschreitende Aufopferung für den Job gibt?

Es ist, glaube ich, höchste Eisenbahn, wenn der Körper sich meldet, also wenn es irgendwelche körperlichen Symptome gibt. Das kann schon bei Müdigkeit anfangen, das kann über regelmäßiges Kranksein gehen, das kann aber auch tatsächlich hormonelle Veränderungen betreffen. PMS ist ein ganz krasser Hinweis dafür, dass unsere Schaffenskraft und Kreativität keinen Raum finden.
Genauso auf seelischer Ebene: Wenn es einem einfach nicht gut geht, wenn mein Herz nicht froh und hell leuchtet, sondern da jeden Tag eine Regenwolke in meinem Kopf ist, dann darf man definitiv die Reißleine ziehen.
Ich finde, dass es manchmal noch schwieriger ist, kleine zwischenmenschliche Grenzüberschreitungen festzusetzen. Gilt hier „Mein Job generell tut mir nicht gut“ oder „Eine Person tut mir nicht gut“? In dem Moment, in dem der direkte Kontakt mit einer Person mich regelmäßig anstrengt oder müde macht, ist das ein Hinweis dafür, dass das eine schwierige Passung ist. Und dann muss man nicht alles stehen und liegen lassen und wegrennen. Dann kann man sich fragen, was braucht diese Beziehung, damit sich diese ener-

getische Fehlpassung verändert. Es kann nämlich sein, dass ich super Bock auf diesen Job habe, aber dass mein Vorgesetzter, meine Vorgesetzte sich einfach nicht gut anfühlt oder die Art und Weise der Zusammenarbeit sich nicht gut anfühlt. Dann darf man ganz mutig den Mund aufmachen und das kundtun.

Willst du noch irgendwas loswerden, was dir wichtig ist?

Es ist meine absolute Passion, darauf hinzuweisen, dass wir unsere Natur ernst nehmen müssen, und das ist nun mal bei Menschen, die mit Gebärmutter geboren wurden, der weibliche Zyklus. Ich glaube, dass das gesamtgesellschaftlich eine total schöne Konsequenz hat, weil wir automatisch die Natur da draußen nicht mehr so grenzüberschreitend behandeln. Und auch zwischenmenschlich einfach netter miteinander umgehen, wenn wir in die Verantwortung treten, unsere eigene Natur höher zu priorisieren als jede Form von Leistungsorientierung. Ich habe im Bereich Unternehmertum promoviert, und ich bin mir sehr sicher, dass ein Großteil von dem, auf den sich die klassische BWL fokussiert, nicht mehr funktioniert. Zumindest nicht mehr mit unserer Generation, und es funktioniert auch nicht nachhaltig, weil wir das Menschsein viel stärker in unsere Arbeit mit einfließen lassen dürfen und auch nutzen dürfen.

Miriam findet ihr unter anderem hier:

Dr. Miriam Stark
@tacheles.beratung
www.tacheles-beratung.de

WIR ALLE HABEN VERSCHIEDENE SUPERKRÄFTE, ABER AUCH VERSCHIEDENE THEMEN, DIE UNS BESCHÄFTIGEN.

– DR. MIRIAM STARK

BIN ICH EINFACH NUR ZU SENSIBEL UND KRITIKUNFÄHIG?

Da sitze ich also. Alleine in einem Raum vor meinem Laptop. Mein Blick schweift aus dem Fenster, statt starr auf dem Bildschirm zu verweilen. Dabei lasse ich mir jede einzelne Sekunde des eben abgelaufenen Feedback-Gesprächs durch den Kopf gehen. Es ist gar nicht so gelaufen, wie erhofft. Ja, sogar eher alles andere als das.

Je mehr ich darüber nachdenke, umso stärker werden die Emotionen, umso stärker wird die Enttäuschung, und je mehr Enttäuschung hinzukommt, umso kratziger wird mein Hals, umso größer wird der Kloß.

Ich hasse dieses Gefühl. Ich hasse es so sehr.

Dieses Gefühl, seine Emotionen „nicht im Griff zu haben", so wie andere diese Situation beschreiben oder definieren. Dieses Gefühl, gleich weinen zu müssen, weil man nicht traurig, sondern enttäuscht, ja vielleicht sogar wütend ist. Und ich bin mir sehr sicher, dass viele von euch dieses Gefühl kennen und die Angst davor, dass man die eigenen Gefühle im Arbeitskontext nicht zurückhalten kann. Dass man im Feedback-Gespräch auf einmal losheult, weil man frustriert und niedergeschlagen ist oder sich missverstanden fühlt. Weil man das Gefühl hat, es läuft gerade so viel falsch, es müsste anders laufen, besser, offener, kommunikativer.

Diese Angst davor, als sensibel, emotional, kritikunfähig, kindisch oder als traurig abgestempelt zu werden (was so ziemlich das Nervigste daran ist), ist während der ganzen Zeit so präsent, dass es schwerfällt, überhaupt einen Ton herauszubringen. Denn wenn die Stimme anfängt zu zittern, kann man diese Gefühle nicht mehr verstecken. Sie brechen förmlich aus einem heraus. Man achtet genau darauf, was

man sagt – oft noch viel mehr als eh schon –, weil die eigenen Worte die zurückgehaltenen Emotionen noch befeuern, sie verstärken.
Aber wer entscheidet eigentlich, dass unsere Emotionen in solchen Momenten too much sind? Wer entscheidet, dass wir in solchen Momenten zu emotional sind? Zu unprofessionell? Zeigt es nicht eher, dass wir uns eine Sache zu Herzen nehmen, dass sich Dinge ändern müssten? Geben unsere Emotionen nicht eher einen Hinweis darauf, dass wir Werte und Normen haben, die wir vertreten (möchten) und die wir zu beschützen versuchen?

ÜBER SCHULDGEFÜHLE, KRITIK(UN)FÄHIGKEIT UND PAUSCHALISIERUNGEN

Ich habe zuvor ab und zu schon mal darüber gesprochen, dass eine reflektierte Selbsteinschätzung nicht nur im privaten Umfeld wichtig ist, sondern auch im beruflichen Kontext, denn sind wir mal ehrlich: Jeder von uns macht Fehler. Auch Führungskräfte. Wir lernen alle nicht aus, und diese Erkenntnis ist unfassbar wertvoll. Schwierige Situationen kommen und gehen – manchmal bleiben sie aber auch. Sich selbst zu reflektieren, zeugt von Stärke und von dem Willen, besser werden zu wollen, zu seinen Fehlern zu stehen und die Verantwortung dafür zu übernehmen. Doch gibt es hier verschiedene Wege, wie es von der Selbsterkenntnis aus weitergeht. Die einen haken das Ganze ab, blicken nach vorne und versuchen, beim nächsten Mal einfach besser zu sein. Dann gibt es die anderen, die noch lange an ihnen festhalten, und sei der Fehler noch so belanglos.
Vielleicht passt das Wort „Schuldgefühle" an dieser Stelle ganz gut, denn für viele fühlt es sich genau so an. Schuld zu haben. Schuld daran, den Anforderungen nicht gerecht geworden zu sein, Schuld daran, andere enttäuscht zu haben. Vielleicht nicht die eigene Führungskraft, aber das eigene Team. Nicht zu vergessen die Erwartungen an sich selbst. Diese Schuldgefühle bleiben oftmals weitaus länger, als sie sollten. Sie kommen abends beim Geschirrabwasch um 19:37 Uhr plötzlich in den Kopf, spielen verrückt und packen verschiedene Worst-Case-Szenarien aus. Diese Gedanken lassen einen so dumm fühlen – und

gleichzeitig doppelt dumm, weil man oft weiß, dass dieser eine Fehler nicht die Welt bewegt. Wir halten uns mit diesen Fehlern meist viel zu lange auf. Fehler, die aus Versehen passieren oder auch in stressbedingten Situationen – Flüchtigkeitsfehler. Eine Sache, die einfach besser hätte laufen können, die wir beim nächsten Mal besser machen oder die wir gar nicht besser hätten wissen können. Fehler, die keinen tragischen Einfluss auf die Arbeit nehmen und ja – die einfach mal passieren können.

Mal sind die Konsequenzen weitreichender, je nachdem, wie groß der Fehler wirklich war und wie viel Tragweite dieser mit sich bringt. Denn natürlich gibt es Fehler, bei denen wir nicht einfach sagen können: „Ach ja, hoppla, ist ja jetzt dumm gelaufen." Wenn ich von größeren Fehlern spreche, meine ich damit, dass diese beispielsweise eher strategischer Natur sind. Fehler, die das Tagesgeschäft negativ beeinflussen. Vielleicht auch mal eine ordentliche Summe Geld kosten. Ich schmeiße jetzt mal die Behauptung in den Raum, dass, je höher die eigene Position ist und je mehr Verantwortung mit dieser einhergeht, auch Fehler mit deutlich mehr Tragweite entstehen können. Kurz gesagt: Wer eine Führungskraft ist, kann mit Sicherheit schwerwiegendere Fehler hervorrufen, als wer keine ist. Genauso können aber auch Erfolge größer und weitreichender sein, wenn man eine Führungskraft ist. Ihr merkt schon, dass das gerade ein bisschen in die „Alles hat Vor- und Nachteile"-Richtung geht.

Klar, nicht alle fabrizieren so einen Gedankengulasch mit den Schuldgefühlen und denken noch hundert Jahre später über Situation XY nach. Dies soll nur dabei helfen zu verstehen, wie unterschiedlich leicht oder schwer es Menschen fällt, mit Fehlern umzugehen, und das, obwohl wir bereits auf einem guten Weg sind, Fehler offen zu kommunizieren.

Wie schön, wenn Unternehmen erklären: „Wir haben einen Fehler gemacht", sich entschuldigen und Lösungsansätze kommunizieren, und wie schade, dass die Gesellschaft noch fünf Jahre später über diesen einen Fehler spricht. Da können danach noch so viele gute Dinge passiert sein – Fehler bleiben präsent.

Vielleicht beschäftigen wir uns genau deshalb oft mit unseren Fehlern, weil unbewusst die Angst mitschwingt, dass sie langfristige Konsequenzen nach sich ziehen. Dass die Wahrnehmung der eigenen Person nach außen hin negativ beeinflusst wird. Fehler prägen ein bestimmtes Bild, schaffen einen Rahmen, bestimmen den Eindruck der eigenen Person. Und selbst wenn wir gut mit ihnen leben können – wie gehen andere mit unseren Fehlern um? Sogar kleinere Fehler können nämlich langfristig größere Konsequenzen nach sich ziehen, wie zum Beispiel das Unternehmen verlassen zu müssen. Wir haben Angst. Angst davor, dass jede Kleinigkeit irgendwo in einer Liste, auf der oben fett gedruckt unser Name steht, rot notiert wird. Als würde jemand darüber Buch führen, wie viele Fehler man im Zeitraum von Tag X an gemacht hat. Diese Liste wirkt innerlich wie eine Wand, gegen die man später womöglich bei der nächsten Gehaltsverhandlung anreden muss. Und irgendwie ist diese Einstellung oder Denkweise auch kein Wunder, wenn ich darüber nachdenke, wie lange es gedauert hat, bis Unternehmen, Führungskräfte und die Gesellschaft offen mit Fehlern umgegangen sind (oder es zumindest versuchen). Ja, ich nenne es das Generationstrauma, was nicht nur im Privatleben stattfindet.
Hattet ihr schon mal das Gefühl, dass euch ein Fehler länger belastet als vielleicht notwendig? Wenn ja, woran liegt das? An eurer Einstellung oder an den äußeren Faktoren wie dem eigenen Arbeitsumfeld einschließlich der Führungskraft?

In Kapitel 2 hatte ich kurz über den Kulturwandel in Unternehmen geschrieben und darüber, dass ich selbst einen hautnah miterlebt habe. Ein großes Thema war hier beispielsweise der Umgang mit Fehlern – beidseitigen Fehlern, sowohl von Mitarbeitenden als auch von Führungskräften. Damals konnte ich nie richtig verstehen, wieso man daraus so ein riesiges Ding macht. Na ja, ich stand ja irgendwie noch unter „Welpenschutz", und als Auszubildende war ich noch ganz am Anfang meiner beruflichen Reise. Also wurden Fehler eher als normal angesehen, weil man natürlich auch im Sinne der Berufsausbildung offen über Fehler spricht.

Erst in meinem Job danach wurde mir bewusst, welche Bedeutung eine offene Fehlerkultur hat. Dass Mitarbeitende Fehler machen, war mir durch meine Ausbildung schon klar, aber dass auch Führungskräfte welche machen, nicht so ganz. Denn während meiner Ausbildung hatte ich keine einzige Führungskraft sagen hören: „Ja, das war mein Fehler." Wisst ihr, was das für ein Kulturschock war, als ich das meinem damaligen neuen Chef habe sagen hören? Das hatte sich damals kurz so angefühlt, als wäre ich in einem falschen Film gelandet. Ein Glitch in der Matrix.

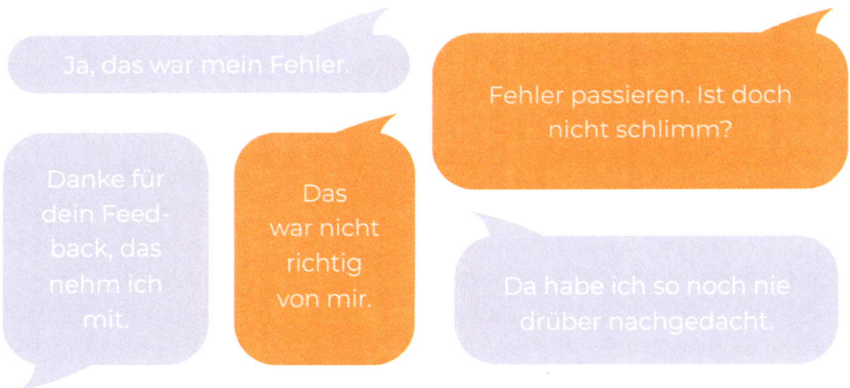

TRY AGAIN, FAIL AGAIN, FAIL BETTER

Eine offene Fehlerkultur half mir in dem Job zu Anfang meines Studiums voranzukommen, mich zu entwickeln, gab mir das Gefühl, meine Gedanken und Gefühle sind wichtig. Sie hat mich dabei unterstützt, dass ich keine Angst hatte, offen und ehrlich gegenüber meiner Führungskraft zu sein. Wenn ich diese Art der Führung mit der meiner letzten Führungskräfte (*grins*) vergleiche, herrschte hier keine offene Fehlerkultur. Zumindest nicht auf der höheren Ebene, und das, egal wie fröhlich, freundlich, spaßig oder family-like die Atmosphäre war. Ich hatte das Gefühl, es gäbe eine offene Fehlerkultur auf allen Ebenen, aber so war es nicht. Und das ist schade. Es könnte nämlich so einfach sein. Führungskräfte, die sich Fehler nicht nur eingestehen, sondern auch mit dem eigenen Team über sie sprechen – ja, was soll ich sagen, die haben es in meinen Augen verstanden.

Vielleicht sollten manchmal sogar einfach Fehler passieren, denn nur aus ihnen kann man lernen. Womöglich hat es genau deshalb aber auch so lange gedauert, bis eine offene Fehlerkultur in Führungspositionen angekommen war.

Denn die Gesellschaft sieht Führungskräfte so: Sie sind in einer höheren Position, haben mehr Verantwortung und Einfluss, verdienen in der Regel mehr Geld, – und klar, sie dürfen keine Fehler machen! Dazu kommt dann noch die Tragweite ihrer möglichen Fehlentscheidungen, die sich aufgrund der eher strategischen Einflussnahme erst nach einiger Zeit zeigen. Wie würde das denn aussehen, wenn eine Führungskraft einen Fehler macht? Wird dann nicht die gesamte Kompetenz infrage gestellt? Gerade jüngere Führungskräfte würden dann schneller, als sie gucken können, mit der Schlussfolgerung „Naja, sie/er ist ja auch noch sehr jung. Hat halt keine Erfahrung“ abgestempelt werden. Wie soll man eine Führungskraft, die Fehler macht, denn noch ernst nehmen? Und dann gibt's natürlich noch die, die unreflektiert sind, die ihren Fehler gar nicht merken oder wahrhaben wollen. So wie die Gesellschaft in großen Teilen (wir pauschalisieren ja nicht) Führungskräfte wahrnimmt, arbeiten wir eher gegen eine positive Entwicklung hin zu einer (beidseitigen) offenen Fehlerkultur. Wie wertvoll aber genau diese für das eigene Team, für die eigenen Mitarbeitenden sein kann, wenn man sich als Führungskraft Fehler eingesteht, das erzähle ich euch jetzt anhand einer kleinen Story.

Ich saß im Homeoffice meines ersten Jobs im Studium, und auch wenn alles insgesamt sehr gut war, gab es zu diesem Zeitpunkt eine etwas „schwierigere“ Zeit. Einfach eine schlechtere Phase. Wir hatten gerade unser wöchentliches Teammeeting, welches für mich an diesem Tag nicht so gut ausgegangen war. Es gab da eine Situation, die mich echt getroffen hat. Ich würde sagen, dass da ganz klar eine Grenze überschritten wurde. Wenn ich mich richtig erinnere, waren wir damals um die acht Leute im Meeting, und obwohl es alles Kolleginnen und Kolle-

gen aus dem eigenen Team waren, war es unfassbar unangenehm, überhaupt in eine derartige Situation zu kommen. Ich wurde auf etwas angesprochen, was mit meinem persönlichen Gesundheitszustand zu tun hatte, was man sicherlich auch unter vier Augen hätte klären können, wenn man danach schon fragen muss. Ich habe mich währenddessen so dämlich gefühlt, weil ich nicht nur nicht hinterfragt habe, wieso ich überhaupt in diese Lage gebracht wurde, sondern alle auch noch live dabei waren.
Ihr kennt sicher diese peinliche Stille, wenn etwas so richtig anfängt, unangenehm zu werden, oder? So eine Situation war das tatsächlich, nur dass es nicht lustig unangenehm war, sondern verletzend unangenehm. Ich war in diesem Moment nur froh darüber, dass ich zu Hause im Homeoffice saß, weil es alles um ein Prozent angenehmer gemacht hat. Ich saß da und wusste gar nicht, was ich sagen sollte, aber irgendwie bekam ich es hin, keine Antwort auf die Frage zu geben, sondern mich mit den Worten „Dazu melde ich mich später noch mal" herauszuwinden. Allein die Tatsache, dass ich mir eine solche Antwort innerhalb von fünf Sekunden überlegen musste, machte mich so wütend. Als das Meeting vorbei war, trudelten drei Nachrichten via Teams von Kolleginnen und Kollegen rein, die wissen wollten, ob bei mir alles gut sei, weil „das eben gar nicht klarging". Sie rieten mir dazu, das unserem Chef auf jeden Fall auch so zu sagen.
Ich dachte: Super, dass das für euch gar nicht klarging. Wieso hat denn keiner was gesagt? Wieso gucken alle zu? Vor allem die, die sonst auch immer zu allem ihren Senf abgeben? Bei diesem Gedanken habe ich mich schon wieder geschämt, weil ich wusste, wie schwer solche Situationen auch für andere sind und dass Menschen, die immer konstruktiv ihre Meinung äußern, in solchen Situationen sicherlich mindestens genauso überfordert sind. Da hat das Eine nichts mit dem Anderem zu tun. Aber ich hatte diesen Gedanken trotzdem, weil ich so unfassbar sauer war, weil ich traurig war und auch keinen Bock auf solche unangenehmen Momente hatte. Wer hat das schon? Ich hatte auch keinen Bock auf miese Stimmung. Ich wollte nur, dass alles gut ist und weiterhin so cool und entspannt wie zuvor.

Also stand ich erst mal auf, weg vom Laptop, und fing an darüber nachzudenken. Hätte neben den Nachrichten von meinem Team nicht auch eine von meiner Führungskraft kommen sollen? Quasi proaktiv, um die Situation noch mal unter vier Augen zu klären. Es kam aber keine, und je mehr ich darüber nachdachte, umso wütender wurde ich, und das, obwohl mir Abstand, eine kleine Pause und tief Durchatmen in schwierigen Augenblicken sonst sehr gut hilft. Um zu reflektieren, was ich als Nächstes machen sollte.
Mein Problem in solchen Situationen ist oftmals, dass ich anfange, Dinge kleinzureden, um sie damit in meinem Kopf weniger schlimm erscheinen zu lassen. Manchmal sage ich mir: „Ach, komm, mach kein großes Ding draus“, vor allem dann, wenn mein Bauchgefühl mir zu verstehen gibt, dass meine nächsten Schritte eventuell nichts bringen würden. Damit hake ich das Thema sozusagen für mich ab. In diesem Fall wusste ich aber allein schon durch die Reaktionen meiner Kolleginnen und Kollegen, dass ich das nicht so stehen lassen durfte. Ein gutes Beispiel dafür, wie wichtig Feedback von anderen ist! Denn auch wenn wir versuchen, eine reflektierte und sachliche Betrachtung einzunehmen, handeln wir in vielen Fällen auch ganz automatisch und unbewusst – aus Selbstschutz.

Also saß ich da und überlegte, wie ich mein Feedback am besten gebe. Ich hatte wirklich so nullkommanull Bock auf dieses Gespräch, weil das allein schon wieder so unangenehm für mich war. Erstens, weil es um die Situation an sich ging, und zweitens, weil ich meiner Führungskraft Feedback geben musste, was für mich ein bisschen mehr Bedeutung hatte und Mut erforderte. Und während ich plante, wie, wann und wo ich das am besten machen sollte, schwirrten mir so viele Fragen im Kopf umher:

Was ist, wenn diese sonst so gute Stimmung nicht mehr zurückkehrt? Kann ich eigentlich mitten im Studium kündigen?

Vielleicht hatte meine Führungskraft einfach einen schlechten Tag.

Was ist, wenn das Gespräch nach hinten losgeht? Was ist, wenn ich nicht das sagen kann, was ich gerne sagen möchte? Ich möchte meine Meinung richtig äußern und nicht so halb und abgespeckt. Was ist, wenn ich das vergeige? Was ist, wenn ich irgendwas falsch formuliere und alles nur schlimmer mache?

Vielleicht liegt's auch an der „schlechteren Phase".

Vielleicht sehen wir alle vieles als übertrieben an.

Ist meine Wut berechtigt? Übertreibe ich vielleicht? Übertreiben die anderen? Aber eigentlich ist es schon auffällig, wenn mehrere das gerade als No-Go sehen.

Da war er. Das erste Mal. Der Gedanke zu kündigen, und irgendwie war ich geschockt von mir selbst, dass ich überhaupt darüber nachdachte. Dass ich kündigen wollte, nicht um Neues zu sehen und zu lernen oder weil es mir unverhältnismäßig schlecht ging, sondern weil ich einen Ausweg gesucht habe, nur weil einmal kurz schlechte Stimmung herrschte. Da habe ich gemerkt, wie schnell so was passiert. Wie schnell ein Gedanke sich im Kopf breitmachen kann, obwohl man ihn gar nicht wirklich in Erwägung ziehen würde.

Irgendwie ist es gerade komisch, all dies hier niederzuschreiben, denn ich war krass von meiner Führungskraft enttäuscht und hatte gleichzeitig Schiss, genau das als Feedback zu geben. Irgendwie witzig, denn dabei wusste ich, dass ich immer und jederzeit alles sagen kann. Tja, aber ich hatte trotzdem Schiss, weil es vorher selten etwas gegeben hatte, was ich hätte kritisch oder negativ feedbacken können. Ich hatte somit keine „Übung" darin, negatives Feedback zu geben (das spricht ja auch für sich, aber ihr wisst schon, wie ich das meine).
Weil ich aber wusste, dass es besser war (und auch fairer gegenüber meiner Führungskraft), Feedback zu geben, habe ich es dennoch gemacht. Hätte ich es nicht getan, hätte ich mir wieder alles kleingeredet oder, auf Deutsch gesagt, drauf geschissen, wer weiß, ob dies sich nicht doch negativ auf die weitere Zusammenarbeit ausgewirkt hätte. Früher oder später kommen Dinge, die uns beschäftigen, nämlich zurück. Ihr wisst noch – der mentale Ordner? Mit all den abgehefteten Dingen? Ja, ja, der hätte sich bestimmt gefüllt.
Wir hatten an diesem Tag (ein Glück) unser Feedback-Gespräch. Mir wurde dadurch die Anfrage beziehungsweise Bitte um ein Gespräch erspart. Hätte ich das Gespräch nicht gehabt, hätte ich nämlich genau das getan – um ein Gespräch gebeten.
Kurzer Zwischengedanke: Irgendwie ist es doch erstaunlich, wie viele kleinere, unangenehme Situationen nur durch eine vorherige Situation entstehen können. Das hat ein bisschen was von einem Dominoeffekt (Zwischengedanke Ende).

Wo waren wir stehen geblieben? Ach ja. Das Feedback-Gespräch. Ich war vorher ziemlich nervös, weil ich genau wusste, dass ich am Ende sagen musste: „Ich habe noch eine Sache." Ich klickte also auf den Termin im Kalender, die Teams-App öffnete sich, und ja, here we go.
Irgendwie war die Stimmung voll gut, so wie ich es kannte. Aber genau dieser Punkt hat mich zu Beginn des Termins zusätzlich so verwirrt, dass ich wieder infrage stellte, ob mein Vorhaben, negatives Feedback zu geben, überhaupt nottat. Tat es natürlich. Letztlich habe ich während des ganzen Gesprächs versucht, meine Worte zum Feedback zu sortieren und jede Kleinigkeit, die mich enttäuscht hat, mit in die Sätze

einzubauen. Und dann habe ich noch versucht, alles in eine logische Reihenfolge zu bringen, damit ich nicht gleich komplett dämlich klinge und mich meine Führungskraft am Ende auch versteht. Das hat ein bisschen was von der Situation, beim Arzt anzurufen, um einen Termin zu vereinbaren. Nur dass es hier etwas mehr zu erzählen gab, als ein „Hallo XY hier, ich würde gerne einen Termin machen."

„Ich habe noch eine Sache", erklärte ich, und dann erzählte ich, was mich gestört hat, dass ich die Situation am Vormittag, im Teammeeting, absolut nicht in Ordnung gefunden und mich das auch emotional getroffen hat. Meine Stimme hat dabei zwar volle Kanne gezittert, aber das war mir in dem Moment egal. Ich sagte alles, was ich sagen wollte. Keine abgespeckte oder verharmlosende Version, sondern richtig.

Die Antwort: „Ja, Joanne, du hast recht. Das war wirklich scheiße von mir, und das tut mir leid. Das war nicht richtig. Ich bin wirklich dankbar für dein Feedback." Und damit war das Thema für mich auch tatsächlich erledigt. Ich dachte nie wieder über die Situation nach (außer jetzt, haha), und war auch nicht nachtragend. Warum sollte ich auch? Nur weil es meine Führungskraft gewesen ist, die einen Fehler gemacht hat? Nein. Eine offene Fehlerkultur beruht auf Gegenseitigkeit, und wenn ich von meiner Führungskraft erwarte, offen und respektvoll mit mir umzugehen, sollte ich genauso agieren.

Außerdem hatte dieser Umgang mit Fehlern noch einen positiven Nebeneffekt: Ich hatte mir ein Thema von der Seele geredet, was sich, wenn ich es nicht angesprochen hätte, womöglich sogar negativ auf die Beziehung und am Ende auf die Arbeit hätte auswirken können. Ich wurde in eine „gute Gefühlslage" zurückgebracht, weil ich ernst genommen wurde. Ich konnte mir diese Last ohne einen negativen Beigeschmack von der Seele reden und wurde dafür sogar noch gelobt.

Auch wenn ich eine sehr positive Erfahrung mit Führungskräften gemacht habe, insbesondere mit dem Umgang mit Fehlern, möchte ich ebenso die negativen Erfahrungen teilen. Negativ in dem Sinn, dass Fehler den Mitarbeitenden in die Schuhe geschoben wurden, ohne sich an die eigene Nase gefasst zu haben. Nach dem Motto: „Wenn etwas nicht klappt, können nur die Mitarbeitenden die Schuld tragen. Immerhin üben sie ja auch den Job aus. " *50 Punkte Abzug für Slytherin*.

Besonders schwierig wird es dann, wenn diese Fehlentscheidungen gar nicht so „klein“, sondern eher strategischer Natur sind, so, wie ich vorhin schon versucht habe, verschiedene Arten von Fehlern zu unterscheiden. Eben diese Art von Fehlern, die am „oberen Ende der Kette“ passieren. Noch schwieriger wird es, wenn selbst die höchste Ebene in einem Unternehmen weder sich selbst noch die eigenen Führungskräfte hinterfragt, sondern ausschließlich die Mitarbeitenden und deren Arbeitsweise (oder Arbeitsmoral). Achtung Sarkasmus: Führungskräfte sind nicht ohne Grund Führungskräfte, denn sie sind ja quasi fehlerfrei (Wow, bei diesem gedanklichen Rückblick bekomme ich eine Gänsehaut).
„Ja, deine Führungskräfte sind halt überfordert. Das ist ja auch eine neue Situation für die.“ Wir erinnern uns zurück an das Gespräch mit dem CEO. Ich kann mich nicht mehr daran erinnern (vielleicht irre ich mich ja auch ... #Spaß), dass ich in dieser kurzen Zeit im letzten Job das Gefühl hatte, dass meine Führungskräfte sich ernsthaft hinterfragt haben. Nein, eher wurden „Fehler“ (die grundsätzlich schon mal keine waren) sogar noch belächelt: „Ja, blöd gelaufen.“ Eher wurden die Fehlentscheidungen, die strategische Auswirkung auf das Unternehmen hatten, „kleingeredet“, gleichzeitig wurde die Schuld bei den Mitarbeitenden gesucht.
Wenn am Ende alles eine Ebene weiter nach unten gegeben wird, sich die eigenen Führungskräfte bewusst oder unbewusst rausreden, wie soll man da ansatzweise das Gefühl von einem respektvollen und auf Augenhöhe geführten Arbeitsverhältnis bekommen? As Mitarbeiterin fühlt sich das einfach beschissen an. So richtig beschissen! Den Fehler anderen zuzuschieben, statt über sich selbst nachzudenken, ist in meinen Augen eine ganz klare Schwäche. Versteht mich nicht falsch: Manchmal sieht man keine Fehler bei sich oder man findet keinen Weg, in einen anderen Blickwinkel einzutauchen – kein Ding. Gerade dann ist es aber wichtig, mit anderen darüber zu sprechen. Zudem macht diese Art des Umgangs mit Fehlern alles nur noch schlimmer, denn Fehler, die nicht besprochen werden, die nicht repariert werden, sind nicht behoben. Im Gegenteil: Der oder die Fehler werden immer und immer weiter fortgeführt.

Umso wichtiger ist es, sich genauer mit Fehlern auseinanderzusetzen, um langfristige Folgen zu vermeiden – für sich und für das eigene Unternehmen. Wir möchten doch alle in einem gesunden, reflektierten Umfeld arbeiten, in dem wir uns verstanden und respektiert fühlen? Sowohl Mitarbeitende als auch Führungskräfte.

WENN GRENZEN HALT GEBEN

Respekt bedeutet, Grenzen nicht zu überschreiten. Aber wo fangen Grenzen an und wo hören sie auf? Jede und jeder definiert diese anders, aber einen professionellen Rahmen muss es doch geben, oder? Täglich erhalte ich Nachrichten, in denen andere von ihren Erfahrungen im Arbeitsumfeld erzählen. Eine der am meisten gestellten Fragen ist dabei: „Was würdest du machen?" Ganz ehrlich? Das ist eine ziemlich gute Frage, denn ich frage mich selbst oft, wie ich diese beantworten soll. Dazu möchte ich gleich mal einwerfen: Nicht jedes schwierige Arbeitsumfeld ist automatisch toxisch. Viele Nachrichten, die ich lese, beinhalten aber nicht gerade selten diese Schlussfolgerung: „Mir gefällt mein Job nicht, meine Führungskraft macht dies und jenes – ich arbeite in einem toxischen Arbeitsumfeld." Deshalb ist es mir wichtig, das noch mal klar hervorzuheben: Ihr dürft mit eurer Führungskraft nicht klarkommen, ohne dass diese toxisch ist. Ihr könnt Probleme mit euren Kolleginnen und Kollegen haben, mit den Unternehmensstrukturen oder euren Aufgaben, ohne dass euer Job toxisch ist.

Was zum Teufel ist denn jetzt eigentlich ein toxisches Arbeitsumfeld? Und wie definieren wir das Wort „toxisch"? Wenn ich eine Sache gar nicht mag (und das wisst ihr inzwischen), dann ist es die, Dinge zu pauschalisieren, Wörter inflationär zu benutzen und damit die Glaubwürdigkeit und die Bedeutung eines Wortes negativ zu beeinflussen.

Toxisch. Toxisch bedeutet so viel wie „giftig". Also nicht nur negativ oder schlecht, sondern hochgradig giftig, eben ungesund. Viele verstehen unter einem toxischen Verhalten auch ein stark ausgeprägtes bösartiges Verhalten. Bezeichnen wir einen Mitmenschen – auch im Arbeitsumfeld – als toxisch, übt dieser einen ungesunden Einfluss auf andere, insbesondere auf deren Psyche und Wohlbefinden, aus.

Wenn ihr mit eurer Führungskraft nicht klarkommt, ist diese nicht automatisch toxisch. Wenn ihr in Diskussionen, Meinungsverschiedenheiten oder Streitigkeiten geratet, sind die gegenübersitzenden Personen nicht automatisch toxisch. Auch Stress muss nicht unbedingt toxisch sein.
Ich möchte gar nicht so theoretisch werden, weil ich weiß, dass praktische Beispiele immer besser funktionieren. Ich hatte es ja schon mal angesprochen, dass in meinen privaten Nachrichten bei verschiedensten Situationen oft die Schlussfolgerung folgt: „Mein Arbeitgeber, meine Führungskraft, meine Kollegin, mein Kollege sind toxisch." Ein bisschen verstehen kann ich das, denn durch die Aufarbeitung solcher Themen und die nicht eindeutig festzumachende Definition eines Begriffs steigt die Wahrscheinlichkeit, dass dieser inflationär verwendet wird. Wir registrieren eine Situation, empfinden sie als ähnlich zu unserer eigenen und schlussfolgern ein identisches Ergebnis. Versteht mich nicht falsch: Wir alle empfinden unterschiedlich. Nur weil für mich etwas nicht toxisch ist, heißt das noch lange nicht, dass es für eine andere Person keine toxischen Auswirkungen haben kann. Aber es geht hier nicht um das eigene Empfinden, sondern um eine klare Einordnung von Situationen.
Also, wie erkennt man, dass eine Person toxisch ist? Wie erkenne ich, dass meine Führungskraft oder mein Arbeitsumfeld toxisch ist?
Toxische Führungskräfte zeigen sich beispielsweise durch ein hinterhältiges Verhalten. Lügen ist da zum Beispiel ein großes Stichwort. Ein herablassender Umgang mit Mitarbeitenden, das Kleinmachen und Bloßstellen vor anderen, das Überschreiten von persönlichen (insbesondere privaten) Grenzen – und all das nicht nur hin und wieder durch Gedankenlosigkeit oder schlechte Laune, sondern systematisch. Toxische Führungskräfte kennen keine Selbstreflexion und suchen den Fehler immer bei anderen und weisen anderen die Schuld zu. Sie behandeln beziehungsweise bevorzugen Teammitglieder unterschiedlich. Sie werten die Arbeit derer ab, die sie bereits auf dem Kieker haben, und zeigen wenig bis gar keine Wertschätzung bei einem hohen Arbeitsdruck.
Toxische Führungskräfte (oder Menschen) manipulieren euch und euer Selbstwertgefühl. Vielleicht sagt euch das Wort „Gaslighting" etwas, in diesem Zusammenhang passt es sehr gut. Bei Gaslighting werden Betroffene bewusst verunsichert, psychisch manipuliert, sodass diese die

eigene Realität und die eigenen Erinnerungen infrage stellen. Auch hier sind Lügen oder Unterstellungen sowie das Verdrehen von Tatsachen eine Möglichkeit, wie sich toxisches Verhalten äußern kann.
Ihr merkt schon, dass das alles nicht so harmlos ist, und gleichzeitig klingt es so, als seien toxische Menschen offensichtlich bösartig. Dem ist aber nicht so. Toxische Menschen können unfassbar empathisch, freundlich und hilfsbereit wirken – bis zu einem bestimmten Punkt.
Das, was am Ende von langfristigen toxischen Bedingungen übrig bleibt, sind kranke Mitarbeitende. Psychisch und körperlich. Sinkende Motivation und Produktivität, Angststörungen, Kopfschmerzen, Magen-Darm-Erkrankungen, Bluthochdruck bis hin zu Depressionen oder einem Burn-out können die Folgen sein. Aber auch Mitarbeitende im eigenen Team können toxisch sein. Deshalb nehmt euch einen Moment und versucht objektiv zu reflektieren, ob ein oder mehrere Aspekte auf eure Situation zutreffen und inwieweit sie euch negativ beeinflussen. Nicht nur im Arbeitskontext, sondern möglicherweise auch im privaten Umfeld, im Freundeskreis, in der Familie oder in der Beziehung.

WAS DIR IM UMGANG MIT TOXISCHEN MENSCHEN HELFEN KANN

- Ruhig bleiben, kurz innehalten
- Sich nicht auf das Verhalten einlassen/sich nicht mitreißen lassen
- Verhalten nicht persönlich nehmen/persönliche Distanz zu Themen einnehmen
- Bewusst machen, dass es sich um eine ungesunde Situation/toxische Persönlichkeit handelt
- Verhalten proaktiv ansprechen
- Eine Pause einlegen („Ich hole mir kurz etwas zu trinken …")
- Unterstützung suchen

Ich wünschte manchmal, es gäbe so eine Art „Muss ich mir geben"- und „Muss ich mir nicht geben"-Liste für das eigene Arbeitsumfeld, in der gefühlt alle Situationen eingeordnet sind und an denen man sich orientieren könnte. Ganz so einfach ist es aber leider nicht. Die Liste gibt es nämlich nicht, auf jeden Fall nicht so richtig, und hier für euch zu entscheiden, was geht und was nicht, finde ich auch nicht angebracht. Ich kann nur so viel sagen, dass ich fest davon überzeugt bin, dass es bei Grenzen nicht darum geht, mit Samthandschuhen angefasst oder wie ein rohes Ei behandelt werden zu wollen, und ich glaube, das dürfte auch klar geworden sein.
Nach meinem Empfinden spielen bei der Einordnung von „Muss ich mir geben" und „Muss ich mir nicht geben" Situationen, Mimik, Gestik und vor allem der Ton eine große Rolle. Achtung, nächstes Sprichwort: „Der Ton macht bekanntlich die Musik."
Eigentlich möchte ich diese Dinge auch gar nicht als Richtlinien präsentieren, weil wir hierbei eine Menge Interpretationsspielraum haben (ihr erinnert euch, das Vier-Seiten-Modell einer Nachricht). Und was ich auf gar keinen Fall möchte, ist, die Vorurteile gegenüber jüngeren Generationen noch zu befeuern, im Sinne von, sie seien ja „viel zu weich". Deshalb gehe ich noch mal auf eine Situation ein, die für mich eindeutig eine Grenze überschritten hat, und erkläre euch, wieso.
Ich erinnere da an mein Jahresendgespräch, in dem mir klargemacht wurde: „Vielleicht ist das ja alles zu viel für dich mit dem Job hier, dem Studium und deiner Tätigkeit als Influencerin. Denk da mal drüber nach." Wenn ich das so schreibe, klingt das erst mal gar nicht so schlimm. Gegen die Ansprache meines Workloads, sowohl beruflich als auch privat, hätte ich persönlich nichts, denn meiner Ansicht nach dürfen sich Führungskräfte um die eigenen Mitarbeitenden sorgen. Ob ihr ins Gespräch gehen und Privates teilen möchtet, liegt natürlich in eurem Ermessen. Grundsätzlich sehe ich da aber kein Problem.
Was hier grenzüberschreitend war, war die manipulative Ansprache. Es war keine Nachfrage, sondern eine erzwungene Feststellung, eine Tatsachenbehauptung, gekoppelt an einen herabwürdigenden Ton. Eine One-(Wo)man-Show ohne Möglichkeit, in einen konstruktiven Austausch zu gehen. Es war das Abwimmeln einer Chance, mich äußern zu

dürfen, mit der nach dem Monolog eingeleiteten Beendigung des Termins. Es war das Ins-Wort-Fallen und das bewusste Unter-Druck-Setzen während des gesamten Meetings. Es war der bewusst erzeugte Zeitdruck. Das bewusste In-die-Ecke-Drängen.

Weil es ja um Grenzen geht, würde ich auch hier sagen: Ja, meine Führungskraft darf mich nach meinem Nebenjob fragen. Damit habe ich kein Problem. Das „Wie" war hier allerdings ziemlich fehl am Platz, zumal die damalige Gesamtsituation grenzüberschreitend genug war.

Was das Problem an dieser Situation war? Die bewusste manipulative Umsetzung – keine konstruktive Kritik, keine sorgenvolle Nachfrage.

SPIEGLEIN, SPIEGLEIN AN DER WAND ...

Ich spüre förmlich schon die „Ja, was darf man denn überhaupt noch sagen?"-Frage im Nacken. Deshalb gibt's jetzt eine kleine Übung von mir, die Kritikern, Nörglern und auch euch dabei helfen kann, sich und die eigenen Aussagen reflektierter zu betrachten.

Stellt euch die Person vor, vor der ihr den meisten Respekt habt. Eine Person, zu der ihr vielleicht auch aufschaut und als Vorbild betrachtet. Habt ihr sie genau vor Augen? Ja? Okay, dann geht's weiter: Jedes Mal, wenn ihr euch die Frage stellt, ob ihr dieses oder jenes sowohl inhaltlich als auch formell so sagen könnt, dann überlegt euch, ob ihr der Person, die ihr gerade vor Augen habt, das genau so mitteilen würdet. Legt hier gerne mal eine kurze Gedankenpause ein.

Ich bin mir ziemlich sicher, dass die meisten Sätze und Äußerungen einen neuen Anstrich bekommen würden. Selbst wenn ihr inhaltlich die identischen Punkte ansprechen würdet, ihr würdet es anders formulieren. Vielleicht empathischer? Respektvoller? Manche sagen vielleicht: „Ja, aber einige Menschen haben dieses Verständnis nicht. Sie sind einfach nicht empathisch." Stimmt. Das ist aber keine Ausrede. Auch Menschen, deren Stärke nicht unbedingt in der Empathie liegt, wissen trotzdem, wie sie selbst nicht behandelt werden möchten. Ihr könnt die Übung auch so drehen, dass ihr euch vorstellt, ihr würdet euch einen Spiegel vor die eigene Nase halten. Achtung, Sprichwort: „Was du nicht willst, das man dir tu, das füg auch keinem andern zu."

Das ist häufig ein Punkt, weshalb viele den Unterschied zwischen konstruktiver Kritik oder Feedback und grenzüberschreitenden Aussagen nicht erkennen. Du kannst Kritik und Feedback äußern, ohne verletzend zu sein. Dafür musst du nicht mal krass empathisch sein. Und alles rauszuhauen, was einem gerade in den Kopf kommt, ist nicht automatisch offen und ehrlich.

Was also ist richtig, was ist falsch? Was ist doch zu drüber, zu schroff, zu rau? Ich bin mir ziemlich sicher, dass Kommunikation in vielen Branchen unterschiedlich gelebt wird. Ein Beispiel: In der Gastronomie und im Handwerk ist der Ton im Durchschnitt rauer als im Büro. Im Handwerk werden eher Witze gerissen, die im Büroalltag als grenzüberschreitend eingestuft werden, weil der „Humor" ganz anders ist. Genauso unterscheidet sich die Finanz- von der Marketingwelt. Die Finanzwelt ist vielleicht kühler, distanzierter – die Marketing-Bubble offener, kommunikativer. Oder was meint ihr? Die Frage ist doch aber, ob Branchen oder Berufszweige eine Ausrede für ein grenzüberschreitendes Verhalten sein sollten. Denn das ist es für mich – eine Ausrede.

Hätte ich meine Ausbildung zur Raumausstatterin gemacht, wäre ich auch in der Handwerk-Bubble gelandet. Trotzdem hätte ich keinen Bock darauf gehabt, dass meine Führungskraft oder selbst meine Kolleginnen und Kollegen sich mehr Rechte herausnehmen als nötig. Ganz nach dem Motto: „In unserer Branche ist das halt so. Das war schon immer so. Musst du dich mit abfinden." Wie dämlich diese Einstellung ist, muss ich, glaube ich, nicht noch mal erklären. Dennoch, wenn ich in Branchen oder in bestimmten Unternehmen nicht zufrieden mit dem Umgangston und dem Verhalten anderer bin, dann stimmt das „große Ganze" für mich nicht.

Kritik ist wichtig, denn, wie ich schon sagte, wir brauchen sie, um wachsen zu können. Wir sollten sie in vielen Momenten als etwas Positives ansehen, als etwas, was uns weiterbringt. Trotzdem weiß ich aus eigener Erfahrung, dass jede positive Betrachtung nicht immer hilft. Zumindest dann, wenn man auf spontane Kritik oder negatives Feedback reagieren soll, gerade in den Momenten, wenn die eigene Führungskraft tiefer einsteigen und darüber ausführlicher sprechen möchte.

„DANKE
FÜR DEIN
FEEDBACK.
ICH MUSS
DARÜBER
NOCH MAL IN
RUHE NACH-
DENKEN.“

Früher habe ich mich immer gefragt, wie andere es schaffen, in solchen Situationen so gut, so spontan und gleichzeitig so professionell reagieren zu können. Egal, ob es hierbei um konstruktives Feedback ging oder nicht.
Was ich irgendwann gelernt habe, ist, auch in One-on-One-Gesprächen, sich die Zeit zum Nachdenken zu nehmen. Eine Pause einzulegen, ist keine Schande. Am Anfang fühlt man sich komisch, weil das Gespräch unterbrochen wird, aber glaubt mir, dass es euch den Druck automatisch rausnimmt. Schnell zu reagieren ist nicht immer richtig, nicht immer vorteilhaft. Durch die Pause schafft ihr eine emotionale Distanz, und selbst wenn es nur Sekunden sind, wirkt sich das positiv auf euer Denken aus. Ihr könnt diesen nebligen Schleier im Kopf, diese Leere, die sich manchmal in solchen Situationen bildet, vorüberziehen lassen, um wieder klar sehen zu können.
Angenommen, der Nebel verzieht sich nicht schnell genug oder gar nicht, und euch fällt trotz einer kurzen Pause keine für euch passende Antwort ein, dann könnt ihr immer noch sagen: „Danke für dein Feedback. Das nehme ich mal mit und melde mich gegebenenfalls noch einmal bei dir.“ Oder so was wie: „Danke für dein Feedback. Ich muss dazu noch mal in Ruhe nachdenken.“ Auf diese Weise antwortet ihr nicht aus dem Affekt heraus, nur um einfach eine Antwort zu geben. Ihr nehmt euch die Zeit für ein bewusstes Auseinandersetzen mit der jeweiligen Fragestellung oder dem Feedback – und das ist richtig.
Könnt ihr euch noch an den kratzigen Hals erinnern? Der kommt in Gesprächen, Situationen, in denen es negatives Feedback gibt, nicht nur aus Wut oder Enttäuschung. Manchmal setzt einem das negative Feedback (und sei es noch so konstruktiv) emotional zu. Es beschäftigt einen. Das ist nicht schlimm. In diesen Momenten bringt es aber häufig nichts, sich zum hundertsten Mal einzureden, dass man daraus etwas Sinnvolles ziehen möchte. In diesen Momenten ist es erst mal da. Ich weiß nicht, ob euch das schon mal passiert ist, dass ihr eure Gefühle nicht mehr verstecken konntet. Vielleicht sogar geweint habt. Das Gefühl ist super unangenehm, peinlich, weil man sich verletzlich zeigt. Sich angreifbar macht, ohne davon auszugehen, dass die gegenübersitzende Person Schadenfreude empfindet oder einen negativen Ein-

druck gewinnt. Dass Weinen und das dazu führende Emotionalsein sich negativ auf die Wahrnehmung auswirken kann, man als weniger belastbar eingestuft wird, hatte ich ja schon angesprochen. Ist dieser Stempel einmal da, bekommt man ihn nicht so schnell weg. Womöglich wird man dadurch sogar als weniger kompetent eingestuft. Irgendwie seltsam, oder?
Wisst ihr, wie ihr eine solche Situation für euch drehen könnt? (Es ist dumm, dass man das überhaupt tun muss, aber aktuell brauchen wir noch Tipps dafür.) Wenn ihr merkt, dass ihr gleich weinen müsst und ihr das Gefühl nicht mehr kontrolliert bekommt – sprecht es an. Sagt, dass ihr kurz weinen müsst. Eure Emotionen zu verstecken, macht es für euch noch schwieriger, am Gespräch teilzuhaben. Entschuldigt euch aber nicht dafür. Ihr seid eben mit Leidenschaft dabei, euch trifft etwas, weil ihr zu hohe Ansprüche habt. An euch selbst. Ihr könnt es sicherlich nicht mehr lesen, aber das proaktive Ansprechen und das offene Kommunizieren bringt euch in so vielen beruflichen (und privaten) Situationen in eine bessere Position – es ist wie ein Schlüssel zum Erfolg, den viele immer noch nicht begreifen und stattdessen aus so vielen Sachen ein riesiges Ding machen. Dabei ist es so verdammt einfach! Offen und ehrlich kommunizieren. That's it.
Komischerweise habe ich das Gefühl, dass solche Situationen bei männlichen Führungskräften deutlich unangenehmer sind als bei weiblichen. Achtung These, keine Feststellung: Vielleicht, weil Frauen deutlich mehr Empathievermögen besitzen als Männer. Sie sind einfühlsamer, wissen womöglich besser mit emotionalem Verhalten umzugehen, sie können sich leichter in andere Personen hineinversetzen. Würde das aber auch automatisch bedeuten, dass Frauen die besseren Führungskräfte sind, weil sie eine höhere emotionale Kompetenz besitzen?
Ich pauschalisiere nicht, deshalb gibt's da auch ein Nein von mir. Frauen führen nicht besser, sondern anders. Und da, wo der Durchschnitt aller Frauen ihre Stärken hat, finden sich gegebenenfalls Schwächen dort, wo ihre männlichen Kollegen im Durchschnitt ihre Stärken haben (und anders herum). Aber ey, das ist nur meine Meinung. Ich dachte, ich werfe das hier mal so rein. Als kleiner Gedankengulasch für zwi-

schendurch. Manchmal reicht es schon aus, sich über etwas Gedanken zu machen, statt direkt Antworten zu haben.
Ich zum Beispiel habe (sehr) gute Erfahrungen mit männlichen Führungskräften gemacht und (sehr) schlechte mit weiblichen Führungskräften.
Ihr merkt schon, es gibt viele Themen, die man hinterfragen kann und sollte. Ich bin mir ziemlich sicher, dass wir auf einem guten Weg sind, da bin ich positiv gestimmt. Ein Thema brennt mir aber noch auf der Seele – die Gen Z. Seid ihr bereit? Jetzt wird‘s richtig spicy. „Die jungen Leute haben kein Bock zu arbeiten“-Kommentare in 3 ... 2 ... 1 ...

Stell dir vor, du bist deine eigene Führungskraft.

Welches Feedback würdest du dir geben?

Was ist deine größte Stellschraube/dein größter Pain Point?

Formuliere diesen Punkt so um, dass aus ihm ein Entwicklungsziel wird.

Stell dir vor, du sitzt gerade in einem Feedback-Gespräch mit deiner Führungskraft.

Welches Feedback würdest du deiner Führungskraft gerne geben?

Positives Feedback: ______________________________

Negatives Feedback: ______________________________

IM GESPRÄCH MIT LEA-SOPHIE CRAMER

Lea-Sophie Cramer ist Mitgründerin von Amorelie und Ten More In, die Leadership-Plattform für Frauen. Lea-Sophie ist unter anderem Investorin, Entrepreneurin, Co-Hostin eines der größten Business-Podcasts in Deutschland sowie die größte weibliche LinkedIn-Stimme im deutschsprachigen Raum.

Wie definierst du für dich empathische Führung?

Für mich sind bei empathischer Führung zwei Punkte relevant: zum einen, empathisch der Situation gegenüber zu sein, also dem Kontext, in dem sich das Unternehmen befindet. In welchem Marktumfeld bin ich, in welcher Phase des Unternehmens bin ich, in welchem Land bin ich, welche Wettbewerber habe ich, wie groß ist mein Team, wie ist die Historie des Teams, wo bewegen wir uns eigentlich? Das ist die situative Führung, also den Kontext mit einzubeziehen und gleichzeitig die Bandbreite der Führung auszunutzen, von Anforderungen bis Laisser-faire. Verletzliches Führen, wie ich meinen Führungsstil gern beschreibe, oder empathisches Führen heißt nicht, dass man alles durchgehen lässt. Es gibt Situationen, da braucht es Anordnung oder Kontrolle. In anderen Momenten ist Raum für Coaching, oder ich kann der Person völlige Freiheit geben. Die ganze Bandbreite von situativer Führung zu nutzen, ist wichtig.
Zweitens bedeutet empathische Führung genauso, das Individuum anzugucken, und zwar in allen Facetten. Für mich ist Empathie, zu sehen beziehungsweise zu verstehen und zu fühlen. Also mich reinversetzen in die andere Person und mich dazu verhalten und dann zu schauen, was man miteinander erreicht.

Welche Vorteile siehst du im empathischen Führungsstil, und gibt es deiner Meinung nach auch Nachteile?

Vorteile sehe ich absolut. Ich mag den Satz: Menschen folgen Menschen. Wir folgen Personen und deren Idealen und Werten, quasi ihrer Idee oder Mission. Der riesige Vorteil von empathischer Führung ist die psychologische Sicherheit. Verschiedenste Studien haben gezeigt, dass Teams, die sich emotional sicher fühlen, viel effektiver sind. Denn in ihnen kann man zwischenmenschliche Risiken eingehen wie Fehler zugeben und Feedback geben oder sagen, dass es einem gerade nicht gut geht. Diese Teams sind nicht deshalb effektiver, weil sie weniger Fehler machen. Sie sind effektiver, weil sie Fehler gemeinsam aufarbeiten und so aus ihnen lernen.
Ein Nachteil ist, dass diese Art der Führung teilweise verwechselt wird mit „Alles ist jederzeit okay". Da gibt es weniger Grenzen, und Führungskräfte sind vielleicht eher Freundinnen und Freunde. Das ist im Arbeitskontext aber anders, weil es darum geht, das Unternehmen in eine erfolgreiche Zukunft zu führen. Das bedeutet, dass man in einer Rolle als Geschäftsführerin und nicht als Freundin auch mal Entscheidungen treffen muss, die sehr schwierig sind. Zum Beispiel sich im Zweifel auch von Mitarbeitenden zu trennen, weil es das große Ganze schützt und weiterentwickelt.

Hast du abseits der empathischen Führung schon mal anders geführt, und wenn ja, welche Erfahrungen konntest du daraus mitnehmen?

Früher habe ich eher das „verletzliche Führen" gelebt. Das bedeutet starke Transparenz, auch, wie es dem Unternehmen geht. Die Wahrheit ist für jeden zumutbar, selbst in schwierigen Situationen und Krisen. Nicht ausladend und ohne Grenzen, aber schon so, dass man sich mitteilt. Früher bin ich dabei viel zu stark in die Verantwortung gegangen und habe fast schon mütterlich agiert. Das funktioniert im Arbeitskontext aber nicht, weil man auch harte

Entscheidungen treffen muss. Dazu kommt: Wenn man zu viel auf sich nimmt, kommt die Überforderung. Bei mir war es dann 2018 ein Burn-out, das mich sehr viel gelehrt hat.

Glaubst du, man kann empathische Führung lernen, und wenn ja, wie?

Man kann es zu hundert Prozent lernen, weil man meiner Ansicht nach alles auf dieser Welt lernen kann. Bei der empathischen Führung geht es darum, die Waage zu halten: eine Beziehung aufzubauen und diese auch in Konflikten, Krisen und Diskussionen zu halten und gleichzeitig durch Abgrenzungen sich selbst und das Unternehmen zu schützen. Man kann das durch Vorbilder erlernen oder Weiterbildungen und Coachings im psychologischen oder pädagogischen Bereich.
Wichtig ist dafür die Bereitschaft der Führungskräfte, denn als allerersten Schritt muss man sich selbst verstehen, damit man seine Handlungen anpassen kann. Wenn du nicht zur Selbstreflexion bereit bist, vielleicht auch aus Selbstschutz, dann wird das sehr schwer.

Was für Feedback bekommst du von deinen Mitarbeitenden zu deinem Führungsstil?

Da müsste ich die Mitarbeitenden noch mal fragen. Ich glaube, erst mal habe ich Stärken und Schwächen. Was auf jeden Fall kommen würde, ist, dass ich Klarheit gebe, sowohl emotional als auch inhaltlich. Dass ich Energie erhöhe und nicht vermindere. Es würde wohl auch kommen, dass ich eine große Vision habe, die ich erfüllen will und dabei die Menschen mitreiße. Ich habe einen krassen Anspruch, aus wenig Ressourcen viel zu machen, und da sehr kreativ zu werden und dauerhaft zu lernen. Ich habe kein Thema mit Fehlern, und das ist für neue Mitarbeitende total ungewöhn-

lich. Ich weise auf Fehler absolut hin, ich habe da aber keinerlei Ärger oder negative Gefühle. Ich denke mir: Das ist spannend, dass es den Fehler gibt. Wie haben wir den gemacht und wie könnten wir den das nächste Mal vermeiden?

Gibt es bestimmte Situationen, bei denen du sagst, hier siehst du einen klaren Vorteil in der empathischen Führung?

Auf jeden Fall. Gerade wenn Emotionen hochkochen, hilft empathische Führung dabei, den Inhalt der Diskussion noch besser zu erklären. Wenn so große Emotionen da sind und die Stimmung angespannt ist, kann der Inhalt allein überhaupt nicht ankommen. Dann hilft der Satz: Wer fühlt, hat (erst mal) recht, denn die Gefühle sind da, ob wir sie gerade wollen oder nicht. Wir sind einfach voll in unserem limbischen System, in unserem Fight-, Flight-, Freeze-Modus, weil wir durch irgendwas getriggert wurden und irgendwie jemand an unsere Werte gegangen ist. Da ist empathische Führung ganz großartig, weil man sagt, okay, ich guck mir deinen Kontext an, ich fühl mit, ich gucke, was da wirklich gerade passiert, und versuche nicht, noch rationaler Dinge zu erklären, die gerade gar nicht bei der Logik scheitern, sondern im Herzen. Hier gibt einem empathische Führung die Möglichkeit, die Situation erst mal zu akzeptieren und dann zu sagen, okay, was ist die Angst? Dann gibt es meistens auch Ideen, wie man damit umgehen kann.

Was muss man sich deiner Meinung nach aus Sicht einer Führungskraft „gefallen lassen" und was nicht?

Erst mal gar nichts, sowohl als Führungskraft als auch als mitarbeitende Person. Gefallen lassen impliziert ja eine ungerechte Maßnahme oder irgendeine herabsetzende Behandlung. Man darf und sollte sich wehren. Ich glaube, als Führungskraft musst du schon wesentlich wohlwollender sein, weil dein Anteil an jedem Konflikt und dann auch an den Erfolgen größer ist. Deswegen finde ich, dass sich Mitarbeitende ein bisschen mehr „leisten" dürfen, im Sinne von zu stark ausagiert, zu wenig agiert, Ergebnisse nicht geliefert und so weiter, weil das dazugehört. Da braucht man auch nicht sauer werden, sondern genau das ist Führung. Führung bedeutet, Menschen dabei zu helfen, sich weiterzuentwickeln. Es ist aber auch die Verantwortung der Führungskraft, dass sie selber Grenzen setzt und sagt, ich bin hier in der Führungsrolle nicht in der Freundinnenrolle. Das ist hier am falschen Ort.

Wie wirkt sich die empathische Führung auf dich als Privatperson aus? Nimmst du Dinge mit nach Hause?

Früher, als ich die Grenzen noch nicht klar gesetzt habe, hat sich das extrem auf mein Privatleben ausgewirkt, weil es eben keine Trennung zwischen Beruf und Privat gab. Inzwischen ist es viel ausgeglichener, und ich schaffe es viel mehr, mich als Privatperson zu distanzieren. Es ist zum Beispiel ganz normal, wenn eine Person für mehr Gehalt kämpft und ich dafür kämpfe, dass ich nicht mehr zahle, als sich das Unternehmen leisten kann, weil ich sonst mein Unternehmen nicht erfolgreich führen kann. Das ist einfach die Rollenverteilung. Seitdem ich die Dinge dalasse, wo sie entstehen und sie auch genau dort löse, bin ich viel entspannter geworden. Viele Dinge werden gar nicht so dramatisch, wenn man sie direkt bespricht und nicht so tut, als wäre nichts passiert.

Was würdest du als Führungskraft immer vermeiden?

Überfürsorglich sein, und das ganz im Allgemeinen. Dieses Überempathische sehe ich vermehrt bei Frauen. Ich würde nicht mehr so viel retten, weil das weder die andere Person wachsen lässt noch nachhaltig für einen selbst ist.

Möchtest du noch etwas loswerden, was dir auf der Seele brennt?

Was ich auch an dich loswerden will, ist, dass Führen sich wahnsinnig lohnt und auch das eigene Selbstbewusstsein aufbaut. Ich würde mir wünschen, dass gerade Frauen sich viel mehr in Führungspositionen trauen, weil wir Menschen brauchen, die politisch, wirtschaftlich, gesellschaftlich in die Führung gehen und uns Orientierung geben. Gerade in diesen Zeiten. Führen und Verantwortung zu übernehmen ist eine ehrenhafte Aufgabe und mit die größte Lernerfahrung über und mit sich selbst und anderen.

Lea-Sophie findet ihr unter anderem hier:

- Lea-Sophie Cramer
- @leasophiecramer
- Fast & Curious Podcast

„GENERATION ARBEITSUNFÄHIG": BLUT, SCHWEIß UND TRÄNEN GEHÖREN (NICHT) ZUM BERUFSALLTAG

Eine Geschichte nach wahren Begebenheiten: Ich sitze im Zug auf dem Weg nach Köln. Ich vertreibe mir die Zeit mit Musik, scrolle dabei durch Threads, und es ist ruhig. Ein entspannter Sonntagnachmittag. Der Zug ist pünktlich, die Sonne scheint.

Ein älteres Paar betritt an einer Station den Wagen und nimmt schräg gegenüber an einem Vierertisch Platz. Dort sitzen bereits zwei ältere Frauen. Ich bin schlecht im Schätzen, aber ich würde sagen: Vertreter der Generation Boomer.

Sie kommen ins Gespräch. Wieso auch immer, ich freue mich jedes Mal darüber, wenn fremde Leute ein Gespräch beginnen. Das löst in mir irgendwie ein Gefühl von Freude aus. Durch meine Kopfhörer vernehme ich auf einmal die Wörter „faul", „verwöhnt" und „Zu meiner Zeit …". Natürlich habe ich sofort die Musik gestoppt, denn ich war neugierig. (Ihr braucht gar nicht so zu tun, das hättet ihr genauso gemacht!) Ich hätte es trotzdem lieber lassen sollen, denn meine gute Stimmung kippte, und das schneller, als ich wieder den Play-Button drücken konnte.

„Die haben alle gar keine Lust mehr zu arbeiten. Die sind einfach nur faul und so verwöhnt. Ist ja aber auch kein Wunder, wenn ich mir die Erziehung anschaue. Mit zwölf Jahren ein iPhone. Mein Telefon hat 150 Euro gekostet. Generation ‚Mama-Taxi'. Die leisten gar nichts mehr."
Ich weiß, das ist hart und regt auf. Nehmt euch kurz Zeit und holt tief Luft. Es wird noch besser.
„Niemand will mehr Vollzeit arbeiten. Nur noch Teilzeit, wo man hinsieht. Jammern dann rum, weil sie kein Geld haben, wollen dann aber umso mehr. Die bilden sich alle was ein."
Generation Jammerlappen, Generation Strawberry, Generation Snowflake. Generation Verweichlicht. Generation „Will viel, aber gibt nichts".
Ich habe gespürt, wie mein Puls von „entspannte Zugfahrt bei Sonnenschein" auf 180 schoss. Ich wusste aber, dass egal, was ich sagen würde, es nichts bringen würde. Nicht, weil ich nicht bereit war, ins Gespräch zu gehen, was ich sonst gerne getan hätte, sondern weil die gegenseitige Bestätigung durch die Gruppe so stark war, dass meine Offenheit mehr Energie gekostet hätte, als ich etwas hätte verändern können.

TALKIN BOUT MY GENERATION

Das Thema mit den Generationen. Ein Thema, das schon so lange präsent ist, dass ich mich gar nicht mehr richtig erinnern kann, wann das alles angefangen hat. Es nervt mich und macht mich traurig. Erstens, weil ich, wie ihr wisst, pauschalisierende Aussagen hasse. Zweitens, weil ich nicht verstehe, wieso man sich grundsätzlich gegen alles Neue oder Andere auflehnen muss und wieso ein so hohes Maß an Negativität immer noch bei einigen Pflichtprogramm ist. Drittens, weil ich mir sicher bin, dass alle Generationen gemeinsam viel mehr erreichen und voneinander lernen könnten. Aber fangen wir doch erst mal ganz von vorne an.

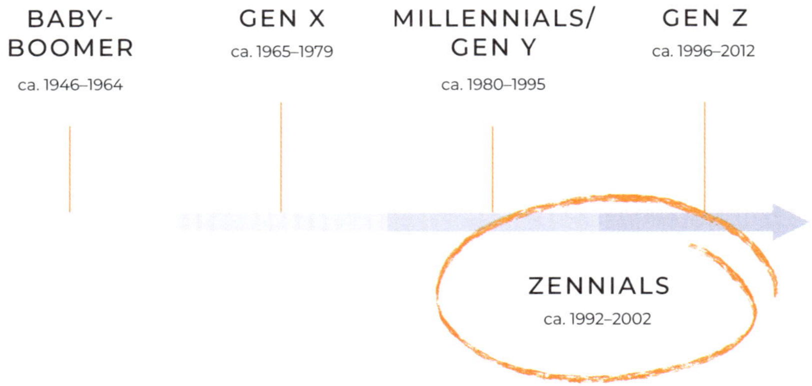

Übersicht der Generationen
(Eine genaue und einheitliche zeitliche Einteilung der Generationen gibt es nicht)

Die Generation Z. Was macht sie aus, wie tickt sie und wie unterscheidet sie sich von der Generation Y, den Millennials? Werft doch mal kurz einen Blick auf die Übersicht, sie hilft dabei, beide Generationen besser einzuordnen, zumindest zeitlich. Und falls ihr immer schon dachtet: Na ja, also ich bin weder das Eine noch das Andere – ja, Willkommen liebe Zennials. Wir sind die Generation „zwischen den Stühlen" (wobei das negativer klingt, als es tatsächlich gemeint ist).
Auch, wenn sich Millennials und die Gen Z in verschiedenen Merkmalen voneinander unterscheiden, sind wir uns in vielen Dingen, und vor allem bei einer Sache, ziemlich einig: Die Arbeitswelt, so wie wir sie kennengelernt haben, braucht eine Veränderung. Besser: Sie muss sich verändern, und genau hier arbeiten wir auch zusammen.
Manchmal vergleiche ich die Beziehung zwischen Millennials und Gen Z ein bisschen mit der zwischen Geschwistern. Die älteren Geschwister ebnen den Weg, fangen an, mit den Eltern zu streiten, streben nach Veränderung, aber der Kampf, sich wirklich durchzusetzen und Veränderungen letztendlich auch langfristig zu erreichen, scheint

schwerer als gedacht. Irgendwie klappt es nicht so richtig, teilweise ja, aber irgendwie auch nicht. Rückschläge gehören genauso dazu wie endlos lange Diskussionen, das „Gegen-eine-Wand-Reden" und das Gefühl haben, nicht gehört zu werden. Sich gegen die Entscheidungen der Eltern zu stellen, nicht darauf zu hören, um dann als „rebellisch" betitelt zu werden. „Das ist die Pubertät. Da drehen sie gerne mal durch." Bis die jüngeren Geschwister kommen und das, was die älteren ewig versucht und wofür sie so lange gestritten haben, am Ende durchziehen. (Ich bin gerade ein bisschen stolz auf den Vergleich.) Zu jeder Geschwisterliebe gehört natürlich auch ein wenig das gegenseitige Ärgern, vor allem, wenn die älteren Geschwister mit den jüngeren mithalten wollen. Früher oder später fällt dann der Satz: „Mann, du hast doch gar keine Ahnung! Das ist nicht mehr cool. TikTok ist das neue Facebook." Aber wir lieben uns, und insgeheim wissen wir das auch. Also danke, liebe Millennials, dass ihr so viel Vorarbeit geleistet habt und nach wie vor mit uns am gleichen Strang zieht.

Die Gen Z ist mit der Digitalisierung groß geworden. Technik und Smartphones sind nichts Neues mehr, sondern gehören von Beginn an dazu. Die Gen Z ist digital. Von Anfang an. Die Millennials hingehen haben noch die Anfänge der digitalen Welt miterlebt. So hatte das erste Handy keinen Internetzugang! Ich bin mir sicher, dass viele von euch Panik bekommen haben, wenn ihr den kleinen Internetbutton auf dem Handy aus Versehen gedrückt habt. Es gab kein Streaming, Musik wurde noch von CDs oder einem MP3-Player gehört. Teilweise wurden Lieder sogar über das Radio mit dem Handy aufgenommen, konnte man sich die CD nicht kaufen. Geschrieben wurde per SMS und nicht via WhatsApp. Das gute alte Fernsehprogramm gehörte zum Leben, zusammen mit Videorecordern, denn Netflix & Co. existierten damals nicht. Programmzeitschriften habe ich jedenfalls noch durchgeblättert, genauso wie den Quelle-Katalog, der per Post kam – bestellen per Katalog. Einfach gesagt: Die Millennials kennen die Welt noch ohne den digitalen Abschnitt, ohne Smartphone, ohne das heutige Internet. Und was ist mit den Werten? Nun ja, mein Beispiel mit den Geschwistern hat diese sicherlich ein wenig angeschnitten, aber lasst uns da noch mal tiefer einsteigen.

Die Millennials streben nach Sinnerfüllung. Sie sind die Ersten, die alte Strukturen hinterfragt haben (und es immer noch tun). Sie spüren, dass Bestehendes nicht mehr selbstverständlich ist und dass die Welt mehr zu bieten hat, als allgemein behauptet wird. Vielleicht auch gerade durch den Hintergrund der Digitalisierung, der voranschreitenden Technik. Sie hinterfragen somit nicht nur die Strukturen, sondern auch sich selbst. „Wer bin ich und wer möchte ich sein?" ist eine wichtige Leitfrage der Generation „Why?" (versteht ihr? Weil „Y" auf englisch „why" ausgesprochen wird). Sie spüren einen Drang zur Selbstverwirklichung, werden sich im Arbeitsalltag und im Privatleben mehr bewusst. Den Millennials steht der Sinn nach Freiheit und Flexibilität. Kein Wunder, dass sie auch die Ersten waren, die die Idee von Homeoffice einbrachten. Um alte Konzepte zu hinterfragen und neue zu bilden, gehen sie in den „Konflikt mit ihren Eltern" (he, he). Nur haben die Millennials die Veränderungen nicht wirklich durchgezogen. Unter anderem auch, weil keiner von den Babyboomern und der Gen X sie für voll genommen haben mit ihrem „neumodischen Kram".
Millennials haben dennoch keine Angst mehr, sich beruflich umzuorientieren und Arbeitgebende alle paar Jahre zu wechseln. Sie haben das Bedürfnis, immer Neues zu lernen; höher, weiter, schneller – weshalb sie auch häufig danach streben, einen höheren Bildungsabschluss zu absolvieren (ein oder sogar mehrere Studienabschlüsse). Sie haben kein Problem damit, Mehrleistung im Job zu erbringen, solange die Arbeit Spaß bringt und eine leistungsgerechte Bezahlung erfolgt. Kurz gesagt: Die Millennials sind motiviert und leistungsorientiert, wollen mitbestimmen und Eigenverantwortung tragen. Wertschätzung und ein gutes Gehalt sind ihnen wichtig, genauso wie die Sinnerfüllung und die Freude im Job.
Und die Gen Z? Sie ist die erste Generation, die die Welt so kennt, wie sie heute ist. Digital. Smartphones & Co. gehören zum Leben einfach dazu. Die Technik ist nicht mehr wegzudenken, genauso wie das Internet im Allgemeinen. Die Gen Z sind die Digital Natives. Hierzu gehört auch der jederzeit und ortsunabhängige abrufbare Informationsfluss, der als Hintergrund bei den Werten der Gen Z nicht vergessen werden sollte. Die Gen Z führt die Werte der Millennials fort, aber trennt in vie-

len Punkten ganz klar – vor allem das berufliche und private Leben. Ihnen ist Sicherheit im Job wichtig, denn wenn sie die Welt betrachten, sehen sie so viele Krisen, die sie verunsichern. Klimakrise, Pandemien, Kriege, um mal ganz grob ein paar zu nennen. In der digitalen Welt, insbesondere auf Social Media, bekommen sie all das 24/7 zu Gesicht. Natürlich denkt man dann, man würde in einer völlig unsicheren Welt leben, sodass man sich an alles klammert, was irgendwie Gewissheit gibt. Und wenn schon das Privatleben diese Sicherheit nicht mehr bietet, weil dieses von gesellschaftlichen und weltweiten Krisen geprägt ist, dann muss es eben der Job tun. Sicherheit bietet vor allem eines – das Gehalt. Die Gen Z ist sich der Versuche der älteren Geschwister bewusst, genauso wie sie wissen, dass diese bei dem Versuch, Veränderungen zu erzielen, vorerst ein bisschen gescheitert sind. Die geforderten Veränderungen ließen nämlich auf sich warten und wurden mit einem Kopfschüttler der älteren Generationen abgetan. Die Gen Z knüpft aber weiter an den Forderungen der Millennials an, nur dass das Sicherheitsbedürfnis deutlich weiter vorne steht. Stichwort: Bedürfnispyramide. Vielleicht habt ihr ja schon mal was davon gehört.
Das Sicherheitsbedürfnis ist teilweise so hoch, dass viele GenZler sich sogar in alte Arbeitsstrukturen drängen lassen, obwohl sie genau wissen, dass diese kompletter Bullshit sind. Also arbeiten sie in Strukturen, die sie selbst für Quatsch halten, mit dem Wissen, dass die Welt sich irgendwann wirklich drehen wird. Ihnen ist bewusst, dass das in Teilen der Gesellschaft hochgelobte Rentensystem ebenfalls ein Ablaufdatum hat, (es eigentlich schon längst erreicht hat) und sie davon mehr oder weniger nicht mehr profitieren werden. Vierzig Stunden arbeiten? Gut, aber nach 17 Uhr braucht sich dann auch keiner mehr zu melden, und wenn, dann geh ich sicherlich nicht ran. Feierabend ist Feierabend. Urlaub erst recht Urlaub, und wenn ich krank bin, dann bin ich krank. Die Gen Z hat Bock zu arbeiten. Sie ist nicht faul, genauso wenig wie ihre älteren Geschwister faul sind. Sie blickt einfach pragmatischer auf die Welt und trennt berufliches und privates Leben strikt voneinander, vor allem jetzt, wo ein hoher Bildungsabschluss nicht automatisch Haus und Auto bedeutet. Wozu also diese Aufopferung und Mehrarbeit, wenn der Job weder Spaß noch Sinnerfüllung bringt?

Und falls ihr jetzt denkt: Wow, irgendwie habe ich die Generationen nie so unterschiedlich gesehen – ey, Zennial-Kolleginnen und -Kollegen, ich verstehe euch so gut. Sandwichkinder – oder wie nennt man das? Ich befinde mich selbst genau dazwischen und bin weder hier noch da unterwegs. Manchmal fühle ich mich ein bisschen lost dabei. Im Sinne der einfacheren Trennung bleiben wir aber bei den beiden Generationen, bei den Millennials und der Gen Z. Sonst wird das hier zu kompliziert. Das Buch soll ja schließlich keine Masterarbeit werden (habt ihr die Anspielung verstanden? Ne? Okay).
Lasst uns aber noch mal an die Zugfahrt anknüpfen. Der Satz: „Keiner will mehr Vollzeit arbeiten" ist mir genau deshalb im Kopf hängen geblieben, weil ich nicht verstanden habe, was daran negativ sein soll? Und um ehrlich zu sein, beschreibt er gleichzeitig so wunderbar, wie sich die Werte und Ziele unserer Arbeitswelt gerade verändern. Die Gen Z strebt, wie ich eben angerissen habe, nicht danach, sich kaputt zu machen – für den Job. Das bedeutet aber nicht, so wie das gerne geschlussfolgert wird, dass die jüngere Generation grundsätzlich keinen Bock auf das Arbeitsleben hat. Genauso haben auch Millennials ihren großen Moment – genau jetzt. Denn ihre ersten Hinterfragungen der Arbeitswelt werden immer relevanter. Ganz nach dem Motto: „Wir haben es doch gesagt. Hätte man mal auf uns gehört." Und nur, weil man hinterfragt und versucht, Dinge neu zu denken, ist das nicht automatisch schlecht. Ehrlich gesagt kotzt mich diese Denkweise sogar ziemlich an. Neu ist nicht gleich schlecht. Es ist einfach anders. Ich glaube, wir sind uns einig, dass wir uns genau anschauen sollten, woher dieses Streben nach Veränderung kommt und warum so viel Leidenschaft und Motivation dafür aufgewendet wird. Vor allem aber auch, wieso der Drang nach Veränderung auf so viel „Gegenwind" oder – besser gesagt – Ablehnung stößt.
Der Mensch ist ein Gewohnheitstier, und das sollte man niemals vergessen. Wer Routinen hat, fühlt sich wohl, fühlt sich sicher. Man hat das Empfinden, alles läuft. Habt ihr mal probiert, einen anderen Weg zum Bus zu nehmen? Oder anders zur Arbeit zu fahren? Vielleicht einen anderen Supermarkt zu besuchen oder von eurer eigentlichen Spazierroute abzuweichen? Ihr denkt euch jetzt vielleicht: Ach nee, wieso sollte ich?

Aber probiert das heute oder morgen mal aus. Diese kleinen Veränderungen, und sei es ein Umweg von zwei Minuten, fühlen sich einfach merkwürdig an. Komisch und unsicher.
Also, was glaubt ihr, wie sich das erst anfühlt, wenn es nicht darum geht, eine kleine, vermeintlich unbedeutende Sache zu ändern, die euren Tagesablauf nicht wirklich beeinflusst? Tja. Wie müssen sich die meisten der älteren Generationen fühlen, wenn das, was sie jahrelang gemacht haben (und ich rede hier von Jahrzehnten), wie sie gearbeitet haben, auf einmal neu gedacht beziehungsweise „über den Haufen" geschmissen wird. Wenn an jeder Stelle in ihrem Leben geschraubt wird und auf einmal eine Veränderung eintritt, nicht nacheinander, in kleinen Schritten, sondern plötzlich und überall. Natürlich möchte man das nicht. Man möchte nicht aus seinem gewohnten Umfeld heraus. Man möchte kein Homeoffice (wobei sich das durch die Coronapandemie auch verändert hat), man möchte in das Büro, wo man arbeitet, mit seinen Kolleginnen und Kollegen, mit seinem Team oder eben für sich, weil Job halt Job ist. Man braucht auch keinen neumodischen Schnickschnack, keinen Laptop für mehr Flexibilität, denn ein PC reicht aus. Wozu überhaupt Flexibilität? Was meine Führungskraft sagt, ist Gesetz, weil sie nun mal meine Führungskraft ist. Wie heißt es doch so schön? „Nur die Harten kommen in den Garten" und „Ausbildungsjahre sind keine Herrenjahre".
Jedes Jahr nach einer Gehaltserhöhung fragen? Das gehört sich nicht. Ein neues System, das den eigenen Workflow komplett verändert? Kulturwandel? Auf einmal wird geduzt? Nicht mehr gesiezt? Wie soll ich Abstand zu meiner Führungskraft halten? Wo bleibt der nötige Respekt? Technik, iPhones, jetzt noch KI? Wo soll uns das alles noch hinführen? Ich fühle mich unwohl in meinem Job, aber ich gehe nicht, denn das gehört sich nicht. Man wechselt nicht alle zwei, drei Jahre den Job. Das macht sich schlecht im Lebenslauf. Man bleibt da, wo man ist. Es ist eben der Job, egal was passiert, egal wie es mir geht. Tag für Tag und Stunde um Stunde. Einmal verheiratet, dann auf ewig, ganz gleich, ob man langfristig zusammenpasst oder nicht. Wer sich scheiden lässt, ist beziehungsunfähig. Ein Jobwechsel? Dann kannst du wohl nicht richtig arbeiten. Du wurdest gekündigt? Na, dann liegt es sicher an dir. Nicht am Arbeitgebenden.

NEU IST
NICHT GLEICH
SCHLECHT.
ES IST EINFACH
ANDERS.

Natürlich gilt das nicht für jede Person älterer Generationen, und ich nenne hier meine Mama (Gen X) oder auch ältere ehemalige Kolleginnen und Kollegen gerne mal als positives Beispiel, wie sich Denkmuster entweder verändern können oder von alleine schon die ganze Zeit präsent waren. Nicht vergessen: Wir pauschalisieren nicht!

Aber das ist nur die eine Seite, nämlich das, was über Jahre hinweg von den Mitarbeitenden gegeben wurde. Was dabei rauskam? Viel Gutes. Vieles, was wir uns heute nicht wirklich leisten können, obwohl wir es gerne möchten. Ein Haus mit Grundstück und Garten ist im Verhältnis gesehen viel teurer als noch vor dreißig Jahren. Niemand behauptet, dass Häuser verschenkt wurden – nur im Vergleich zu dem, was die Gen Z (und die Millennials) heute nach teilweise jahrelangen Bildungswegen am Ende des Monats auf dem Konto haben, reicht selbst mit einem guten Job nicht mal für ein durchschnittlich großes Haus in einer beliebten Wohngegend aus. Und das ist nicht nur so dahergesagt. Das ist Fakt (und jaaaaa, Ausnahmen bestätigen die Regel).

Die Generation Babyboomer heißt übrigens nicht ohne Grund so. Nach dem Zweiten Weltkrieg gab es eine extrem hohe Geburtenrate – deshalb der Name. Wenn ihr an die Babyboomer denkt und an die Zeit, in der sie aufgewachsen sind, was glaubt ihr, wie das so war? Natürlich existierte noch immer diese „militärische Moral" der vorherigen Generationen (Greatest & Silent Generation). Wer hart arbeitet, der erntet viel (oder irgendwie so). Harte Disziplin und Ordnung. Privat und beruflich. Die Babyboomer haben die Arbeitsstrukturen geschaffen, die heute hinterfragt werden.

Und damals haben diese super funktioniert, denn sie haben unter anderem zum Wohlstand des 20. und 21. Jahrhunderts beigetragen. Umso wichtiger zu erwähnen, dass Babyboomer als „erfolgreich" und „gewinnbringend" eingestuft werden – und das zu Recht.

Also nehmen wir jetzt einmal kurz den Blickwinkel eines Babyboomers ein. Ihr arbeitet hart und schafft erfolgreiche Strukturen. Sie bringen Wohlstand – es funktioniert einfach. Und dann? Dann kommen jüngere Generationen, die längst nicht die Erfahrungen haben, wie ihr sie hattet. Sie wachsen anders auf (sehr anders sogar) und nehmen sich das Recht heraus, all das zu hinterfragen und verändern zu wollen, was

ihr mitgeschaffen habt. Was ihr erfolgreich geschaffen habt. Behaltet diese Perspektive mal im Hinterkopf.
Bevor ich es vergesse: die Generation X. Über die sprechen wir irgendwie gar nicht, weshalb sie nicht ganz ohne Grund die „vergessene Generation" genannt wird. Sie haben die Strukturen der Babyboomer übernommen und weitergetragen, denn wenn etwas einmal erfolgreich ist, muss man es schließlich nicht hinterfragen. Wozu auch? Der Wohlstand kam ja nicht einfach von irgendwo her. Von daher kann man der Gen X auch keinen Vorwurf machen. So wie keiner Generation. Jede einzelne hat durch die eigenen Erfahrungen eine andere Perspektive auf die (Arbeits-)Welt.
So, und jetzt, nachdem wir alle Blickwinkel einmal durchgekaut haben, stelle ich die eine wichtige Frage: Wozu sollen wir mehr als acht Stunden tagtäglich arbeiten – in vielen Berufen ist dies mittlerweile eine Selbstverständlichkeit geworden – in einem Umfeld, das es nicht mal hinkriegt, wertschätzend und respektvoll mit den eigenen Mitarbeitenden umzugehen? Wozu sollen wir unsere ganze Energie, unsere Leidenschaft, unseren Mut und Engagement einsetzen – für wen? Für was?
Viele Menschen der älteren Generationen glauben, es geht um materielle Dinge, darum, viel zu bekommen, aber möglichst wenig zu geben. Und während ich das so schreibe, werde ich etwas emotional, weil ich nicht verstehen kann, wie man derart unsensibel gegenüber so vielen Menschen sein kann, wie man ihnen Faulheit, Verwöhntheit und Arroganz unterstellen kann, obwohl man selbst in vielen Bereichen wortwörtlich auf die Straße gegangen ist, um Veränderungen herbeizuführen. Ist es nicht arrogant zu sagen, früher war alles besser? Wir waren besser? Es geht nicht um das Haus. Es geht nicht um das Auto. Nicht darum, zehnmal im Jahr mehr Geld zu verlangen oder die krassesten und teuersten Dinge im Schrank zu haben. Niemand würde Nein dazu sagen, aber es ist nicht unsere Priorität.
Es geht um das Leben. Es geht darum, das Leben genießen, es bewusst erleben zu können. Es geht um Sicherheit. Es geht darum, Freiheit und Selbstbestimmung zu erlangen – über sich selbst. Es geht um ein ausgeglichenes Verhältnis zwischen Job, Verdienst und freier Zeit. Für ein

übermäßig hohes Maß an Arbeit und entsprechendes Engagement möchten wir entlohnt werden, um uns in der heutigen Welt unser Leben finanzieren zu können. Wir geben nicht mehr und mehr, um am Ende stehen gelassen zu werden, von Führungskräften und Unternehmen, die die arrogante Selbstwahrnehmung haben, sie müssten sich nicht bemühen. Wir wollen nicht zwischen veralteten und nicht mehr zeitgemäßen Arbeitsstrukturen sein, die Mitarbeitende immer noch und teilweise ausschließlich als Human Ressource betrachten, sie (aus)nutzen, ausquetschen und mit einem Burn-out in den Vorruhestand schicken, ohne sich selbst zu hinterfragen. Das gilt auch für Unternehmen und Führungskräfte, die neue Strukturen etablieren, tolle Benefits in ihre Stellenanzeigen reinklatschen, sich als „supermodern" verkaufen mit einem Altersdurchschnitt von 35 und am Ende nicht mal Danke sagen können, wenn Mitarbeitende statt Teilzeit eigentlich Vollzeit schuften. Aber nein, wir sind ja alle nur faul, können nichts, leisten nichts.

Das Ding ist – wer uns so behandelt, ist für uns nur eine reine Geldquelle. Ein Mittel zum Zweck. Solche Führungskräfte können nicht mehr und mehr erwarten und weniger geben. Ich arbeite nicht im Urlaub und nach Feierabend, wenn ich am Ende dafür nicht entsprechend entlohnt werde, sei es durch Wertschätzung oder mehr Gehalt. Ihr macht euch ja nicht mal die Mühe, um den Anschein zu erwecken, ihr würdet gerne, könnt es aber nicht. Stattdessen wird ein Onboarding zum Benefit, genauso wie der dämliche Obstkorb. Den Tischkicker um die Ecke kann eh keiner benutzen, weil alle vor dem Bildschirm kleben und nicht mal eine Mittagspause einlegen können.

Aber wer kann es ihnen verübeln, wenn sie sich mittlerweile um uns Millennials und GenZler reißen, weil Unternehmen uns in der digitalen Welt brauchen. Sie sitzen teilweise mit 15 Leuten in einem Meeting und fragen sich: „Was schreiben wir in unsere Stellenanzeigen rein, damit wir neue Leute bekommen?" Sie denken, sie müssten die Welt neu erfinden, dabei ist die Antwort so einfach. So klar. So fucking simple!

Die Realität tut manchmal weh, aber so ist das. Wir leben in Zeiten eines Arbeitnehmermarkts. *Ihr* habt Probleme, Menschen zu finden, die bei euch arbeiten möchten. *Ihr* sucht motivierte Leute, und das Traurige daran ist – sie sind da. (Der Fachkräftemangel ist ein anderer Schnack, bitte nicht vermischen!) Sie stehen direkt vor eurer Nase, aber anstatt sich selbst zu ändern und mit der Entwicklung, den Veränderungen und Bedürfnissen zu gehen, stellt ihr euch krampfhaft dagegen. Ihr gebt den Arbeitnehmerinnen und Arbeitnehmern die Schuld daran, dass es euch schlecht geht und dass ihr niemanden findet. Schlussfolgerung: Die jungen Leute haben keinen Bock. Warte – ist das etwa ein Fall von „Schuldzuweisung“ und „mangelnder Selbstreflexion“? Möglich.

Thema Fachkräftemangel. Natürlich ist er da, und hier sei dazu gesagt: Motivierte Leute zu finden und den Fachkräftemangel zu bekämpfen sind zwei verschiedene Themen.

Der Fachkräftemangel ist präsent, vor allem in handwerklichen und sozialen Berufen. Da stellt sich natürlich die Frage, woher er kommt und wie wir ihn bekämpfen können. Das Thema ist viel zu tief, als dass wir es ausführlich beleuchten könnten, aber irgendwie passt es zu alldem, was der Arbeitsmarkt die letzten Jahrzehnte so gezeigt hat. Es hat einen Grund, wieso Millennials und auch GenZler höhere Bildungsabschlüsse haben als andere Generationen und warum sie danach streben. Wenn einem schon in der Schule eingetrichtert wird, dass man nur etwas wert ist, wenn man studiert – was glaubt ihr, wohin das führt? Natürlich wählt man den Weg des Abiturs, gefolgt vom Studium, die mehrfachen Masterabschlüsse, in der Hoffnung mehr Geld verdienen und damit dann doch ein durchschnittlich gutes Leben führen zu können. Und das wurde mit uns gemacht. Wie oft wurde uns in der Schule eingeredet, die Gymnasiasten seien schlauer und sie würden später mehr verdienen, sie seien einfach besser, und generell sei es klüger, Abi zu machen, denn man weiß schließlich nie! Wer eine Ausbildung absolviert, ist weniger wert. Also quälten sich manche durch das Abi durch, obwohl sie ihr volles Potenzial und ihre Fähigkeiten längst in einer Ausbildung hätten entfalten können. Manche Abiturienten gingen trotzdem auf Ausbildungssuche, weil sie trotz Abi gar nicht studieren wollten. Aber der Satz: „Ein Abitur ist einfach besser“ blieb im Kopf – und ey, wer möchte seine Eltern schon enttäuschen? „Früher war das mit dem Abi nicht so leicht möglich. Du hast die Chance. Also nutze sie!“

Bei den Bewerbungen für eine Ausbildung wurden sie den Realschulabsolventinnen und -absolventen vorgezogen, und die? Die hatten es schwerer, eine Ausbildung zu finden, denn man verglich die Abschlüsse, und na ja: „Abiturienten sind schlauer und die bessere Wahl. Die besseren Arbeitskräfte." (Sehe ich übrigens nicht so. Deshalb die Anführungszeichen.)
Diejenigen, die studierten, wurden immer mehr, weil jeder die Schlussfolgerung zog, mit einem Studium später mehr verdienen und sich mehr leisten zu können. Die, die nicht wussten, was sie studieren sollten, studierten irgendwas, mit dem man viel anstellen konnte oder flexibler in der Berufswahl war. Na? Habt ihr schon was im Kopf? Ich lasse euch noch etwas zappeln ... Moment. Wartet. Noch ganz kurz. Okay, jetzt: BWL. Und nein, das gilt natürlich nicht für alle! Aber es gibt einen Grund, wieso manche Studiengänge „beliebter" sind als andere, und warum ich schon in meiner Schulzeit zu hören bekam: „BWL studieren meist die Leute, die nicht wissen, was sie studieren sollen."
Auf jeden Fall kam das, womit niemand rechnete: Die Schlussfolgerung, automatisch mehr zu verdienen, je höher der eigene Bildungsabschluss ist, diese Schlussfolgerung stimmt auf einmal nicht mehr. Jedenfalls nicht so ganz. Der Masterabschluss bringt nicht automatisch einen enormen Gehaltssprung mit sich, das hängt natürlich ganz von der Branche und dem Berufsfeld ab. Aber wenn ich schon jahrelang lerne und mein Wissen erweitere, dann will ich auch entsprechend entlohnt werden. Ich möchte mein Wissen doch anwenden, ich möchte meine Erfahrungen einfließen lassen. Wozu habe ich denn so lange studiert? Dabei kommt man sich ziemlich dumm und verarscht vor. Um bei einem Beispiel aus dem Familienleben zu bleiben: Als würden die Eltern A sagen, aber B machen und sich nicht an Absprachen halten.
Ihr merkt also, dass die Vergangenheit dazu beiträgt, wie sich die Zukunft entwickelt. Die Zukunft sitzt in den Schulen, die ebenfalls stark unter dem Fachkräftemangel leiden. Lehrermangel ist hier das Stichwort. Ein veraltetes Bildungssystem (was nun wirklich kein neues Thema mehr ist) trägt dazu bei und all das, was ich schon angerissen habe. Einstellungen, Werte und Normen. Das eigene Weltbild. Mal abgesehen davon, wie teilweise so am Leben vorbei gedachte Methoden und

Prüfungen umgesetzt werden, um überhaupt Lehrkraft werden zu können – sorry. Da braucht sich echt keiner zu wundern, dass sich auf dem Weg vom Lehramtsstudium zur Lehrkraft ungefähr die Hälfte gegen den Beruf entscheidet.
Deshalb ist es auch so wichtig, nicht nur über Missstände zu sprechen, sondern vor allem lösungsorientiert zu denken und Lösungsansätze umzusetzen. Labern kann jeder. Machen nicht. Man hat sicherlich nicht auf alles sofort eine Antwort, und sicherlich bedarf es hier auch mehr Diskussionen, aber Probleme vor sich herzuschieben und zu sagen „Nach mir die Sintflut" ist auch keine Lösung und nebenbei sehr egoistisch. Aber wir schweifen ab.
Ich bin ganz ehrlich mit euch. Ich verstehe die älteren Generationen ja irgendwie ein bisschen. Ich verstehe es, dass Neues ungewohnt ist und dass es überfordern kann. Es bringt das eigene Weltbild durcheinander, und man versucht, sich gegen Veränderungen zu wehren – aus Selbstschutz. Man will nicht aus dem Gewohnten fallen, denn wir lieben Gewohnheiten.
Die älteren Generationen kennen es nicht anders. Sie haben geschuftet und hart gearbeitet. Von morgens bis abends, Tag für Tag. Sie haben ihr Gehalt bekommen und konnten im Regelfall ein „normales" Leben führen mit Haus und Auto (mich nervt inzwischen das Beispiel mit Haus und Auto, aber so wisst ihr, was ich meine). Gesellschaftlich vorgelebt, auch durch Film und Fernsehen. Klar kickt da die Veränderung rein. Man versteht die Ansprüche nicht, oder sie sind schwer greifbar. Für mich sicherlich irgendwann auch, wenn Gen Alpha und die nach ihr folgenden Generationen wieder zu Veränderungen beitragen. Dennoch weiß ich, dass Veränderungen nicht bedeuten, dass „die Welt vor die Hunde geht" (was für ein bescheuertes Sprichwort). Denn mal ganz ernst gefragt: Wann und wo hat Stillstand jemals funktioniert? In welchen Bereichen hat der Spruch „Das haben wir schon immer so gemacht!" jemals langfristig Erfolg gebracht? Ich habe lange darüber nachgedacht, aber mir ist kein Beispiel eingefallen. Stillstand ist nie gut. So wie die Arbeitswelt für die Generationen vor uns funktioniert hat, funktioniert sie heute für uns nicht mehr, egal, ob die Strukturen damals ein Erfolgsrezept waren oder nicht. Die Welt verändert sich, ja,

aber sie hört nicht auf zu funktionieren. Ganz im Gegenteil. Sie dreht sich weiter. Was folgt, ist Fortschritt.

Während ich das schreibe, fällt mir auf, dass sich Vergangenes irgendwie auch wiederholt. „Das war früher schon mal modern. Das kommt alles wieder." Kennt ihr den Spruch vielleicht von euren Eltern? Ich ja. Und jetzt sage ich es sogar selbst (hopefully nicht bei den dünnen Augenbrauen. Das muss echt nicht noch mal sein). Aber ja, so ist das. Fashiontrends kommen wieder, nicht anders ist es in der Musik. Oder warum ist Techno wieder so richtig da? Das gab's doch schon mal, oder? Selbst „YOLO" war für das Jugendwort 2023 nominiert. Kein Scherz.

Die Babyboomer haben ebenfalls vieles hinterfragt und für vieles gekämpft. Für Frauenrechte haben sie zum Beispiel sehr viel getan oder sind für den Frieden auf die Straße gegangen. Irgendwie waren sie damals die Millennials und GenZler von heute. Und jetzt? Jetzt spürt man wieder einen Umschwung, neue Themen und den Drang nach Veränderung. Vielleicht ein kleiner Anreiz, mal darüber nachzudenken, dass Veränderungen zum Leben dazugehören und ganz natürlich sind.

ZUSAMMEN GEWINNEN, STATT ÜBEREINANDER BESCHWEREN

Ich habe mich schon oft gefragt, ob wir, Millennials und GenZler, mehr hinterfragen, mehr „overthinken", anstatt einfach zu machen, weil wir so sind oder weil wir durch Social Media nur mehr mitbekommen. Denn wir sprechen viel über uns und unsere Gedanken, über Sorgen und Ängste, über Wünsche und Träume. Vielleicht waren vorherige Generationen aber gar nicht so anders. Sie haben nur nie nach außen so viel darüber geredet, weil andere Werte ihr Leben bestimmt haben. Heute fällt uns das durch die digitale Welt deutlich leichter.

Keine Schwäche zeigen, sondern durchziehen. Man verbindet andere Lebensweisen häufig viel zu schnell mit etwas Negativem. Vielleicht passiert das auch eher unbewusst, weil uns Neues fremd ist. Dabei wäre es viel klüger, gemeinsam an einem Strang zu ziehen, um langfristig die Welt zu einem besseren Ort zu machen.

„Du denkst zu viel nach“, das ist ein Spruch, den ich oft höre und auch selbst gerne mal in den Raum werfe. Dieser Satz beschreibt aber genau das, warum vieles so ist, wie es ist. Denken wir wirklich nur zu viel nach? Das Overthinking, das Überdenken, das Zerdenken von Themen ist in unseren Generationen irgendwie ein echtes Ding. Nicht, weil wir es wollen, sondern weil wir es machen. Es passiert einfach. Wir hinterfragen uns, unser Leben und wer wir sein wollen. Wir hinterfragen Strukturen, Werte und Normen. Wir sitzen abends auf der Couch oder fahren Bahn. Wir gehen spazieren, hören Musik oder sind am Arbeiten. Wir lernen oder haben Spaß mit Freunden. Dann kommt er. Dieser Gedanke. Manchmal getriggert durch ein Thema, manchmal total random. Ihr unterhaltet euch gerade über Kissenbezüge von IKEA, die gerade im Angebot sind, und auf einmal denkst du über deinen Job nach und was du alles erreicht oder nicht erreicht hast. Du hörst deine Freundin auf dem einen Ohr über die Kerzen sprechen, die sie gekauft hat, obwohl sie es nicht vorhatte, und du bist im Kopf dabei, Szenarien durchzugehen, wie dein Leben verlaufen könnte, wenn du dieses und jenes nicht machst. Auf einmal denkst du darüber nach, was deine Freundin gesagt hat, denn du hast nicht zugehört, und du fragst dich im nächsten Moment, ob sie das gemerkt hat, und wenn ja, ob sie dir das übel nimmt.

DIE SACHE MIT DEM ZERDENKEN

Das Overthinking ist etwas, was euch in das Negative ziehen und sich so weit aufbauschen kann, bis eine Panik daraus entsteht, weil ihr den Gedanken nicht mehr loslassen könnt. Deshalb: Overthinking ist kein dummer Trend! Jeder von uns zerbricht sich mal den Kopf über was, und auch mehrfach. Das ist normal. Menschen, die von Overthinking betroffen sind, leben in einer Gedankenspirale und kommen da alleine nur sehr schwer wieder raus. Bitte nehmt diese Thematik ernst.

Selbst wenn sich Generationen vor uns ebenfalls diese Sinnfragen gestellt haben, sind sie heute umso präsenter. Insbesondere auf Social Media, und da nehme ich meinen Content auch nicht aus. Wie ist das Leben mit Mitte zwanzig (oder eher Ende zwanzig ... ciao) und wie sollte es sein? Wer bin ich und wer möchte ich sein? Ich fühle mich vollkommen und doch irgendwie lost. Wie ein Kind, aber auch erwachsen. Was ist mir wichtig und was nicht? Ich habe Angst, Zeit zu verschwenden. Bin ich gerade glücklich? Was brauche ich, um glücklich zu sein? In was für einer Welt lebe ich eigentlich? Wie sieht es bei anderen aus? Was machen meine Freunde, meine Bekannte, was macht meine Familie? Bin ich erfolgreich genug, und was bedeutet erfolgreich sein überhaupt? Welchen Weg möchte ich gehen, beruflich und privat? Wann ist es genug? Bin ich genug?

Unsere Generationen sprechen darüber und zeigen offener denn je, was uns beschäftigt. Welche Gedanken in unseren Köpfen kreisen. Wir stellen uns Lebens- und Sinnfragen. Wozu das alles? Warum, für wen, für was?

Genau dieser Wunsch nach Sinnerfüllung, den ich schon öfter erwähnt habe, treibt den Wandel der Arbeitswelt an. Wir hinterfragen keine Strukturen, um weniger arbeiten zu müssen. Wir hinterfragen Strukturen, um das Beste aus allem herauszuholen, ohne uns dafür kaputtzumachen.

Und warum passiert das alles? Weil wir die Möglichkeiten haben, Veränderungen herbeizuführen, weil es die Freiheit gibt, das zu tun, was man sich vom Leben erhofft. Zumindest sollte es die Freiheit geben. Sinnfragen pushen den Wunsch nach Freiheit und lassen Raum für Träume. Wir sind freier und unbestimmter denn je und gleichzeitig auch irgendwie nicht.

Wisst ihr, ich glaube, es war schon immer ein Problem unserer Gesellschaft, sich mit neuen Dingen auseinanderzusetzen. Sich mit einem Wandel auseinanderzusetzen. Ich glaube auch, dass es menschlich ist, Neues nicht direkt für voll zu nehmen und zu belächeln und auch in Schubladen zu denken, was manchmal ganz unbewusst passiert. Gutes braucht Zeit, auch wenn das schade ist und ich immer denke: Wenn wir jetzt dieses und jenes ändern, wo könnten wir dann schon in fünf Jahren sein?

ARGUMENTE-KOFFER

Damit ihr für die nächste Diskussionsrunde am Esstisch, bei der Arbeit, beim Familientreff (oder im Zug) was vorweisen könnt, findet ihr hier einen kleinen, aber feinen Argumente-Koffer. Holt diese Argumente einfach raus, wenn nötig!

- „Aber sind Veränderungen denn grundsätzlich schlecht?“
- „Stillstand hat uns doch noch nie etwas gebracht, oder?“
- „Habt ihr nicht auch für Veränderungen gekämpft?“
- „Unsere Welt verändert sich stetig weiter, beispielsweise durch die Digitalisierung. Deshalb müssen wir auch bestehende Strukturen hinterfragen. Wie zum Beispiel beim Thema Arbeitsmodelle.“
- „Die wirtschaftliche Situation hat sich verändert. Wir stehen vor vielen Herausforderungen, etwa vor steigenden Lebenshaltungskosten oder unsicheren Arbeitsverhältnissen. Diese Herausforderungen beeinflussen unsere Einstellung zur Arbeit und zum Leben.“

- „Ist es nicht falsch, eine Generation über einen Kamm zu scheren? Wir sind genauso vielfältig wie andere Generationen. Viele sind hoch motiviert und streben nach persönlichem Erfolg."
- „Unsere Generation definiert Erfolg nicht nur durch beruflichen Aufstieg oder finanziellen Wohlstand. Es geht uns eher um die persönliche Erfüllung und das Streben nach einer ausgewogenen Lebensqualität. Wir versuchen dies mit den heutigen Herausforderungen zu vereinen."
- „Unsere Prioritäten sind heute anders, und das ist doch okay, oder? Viele von uns setzen sich zum Beispiel für Umweltfragen ein, die unser und das Leben nachfolgender Generationen positiv beeinflussen. Wir versuchen, gemeinsam ein nachhaltiges und gerechtes Leben zu ermöglichen."
- „In bestimmten Zeitabständen wird es immer einen Wandel geben. Das müssen wir irgendwann auch mitmachen. Es ist wichtig, sich dabei zu unterstützen – und zwar generationsübergreifend."

Wichtig ist, offen zu sein und respektvoll in Gespräche zu gehen. Der Wandel, den die Arbeitswelt braucht, ist längst überfällig. Da sind wir uns einig. Das „Problem" ist, dass wir die älteren Generationen brauchen. Egal, ob da bald die Rente ansteht oder nicht. Die Arbeitswelt kann sich nur ändern, wenn wir gemeinsam an einem Strang ziehen und die älteren Generationen davon überzeugen können, Veränderungen mitzugehen!

Was ich sagen möchte, ist: Gehen wir in den Austausch. Mehr denn je. Innerhalb der eigenen Generation und untereinander. Holt euch Millennials und GenZler an den Tisch und fragt sie, was sie sich wünschen. Was fehlt den Arbeitsplätzen, den Unternehmen, wie könnt ihr es schaffen, Menschen für euer Unternehmen zu begeistern? Was ist „Schnee von gestern"? (Ich sollte wirklich einen Preis für die höchste Redewendungsquote bekommen.) Wie sollten Stellenanzeigen aussehen? Wie sollten Arbeitsmodelle aussehen? Und lasst euch darauf ein. Probiert es aus! Was habt ihr zu verlieren? No risk, no fun. Oder: Probieren geht über studieren. (Nehmt mir die Sprichwörter weg. Bitte!) Nein, ganz im Ernst: Ich verstehe die Angst, neue Konzepte, neue Arbeitsmodelle wie die Viertagewoche, Remote Work oder Homeoffice (ist zwar nicht mehr ganz neu, aber egal) auszuprobieren. Aber „Vertrauen ist gut, Kontrolle ist besser" macht euch mehr kaputt, als es etwas bringt. Gebt den Leuten ihre Freiheit und Flexibilität. Lasst sie machen. Klar: Ausnahmen bestätigen die Regel. Genauso existieren Menschen, generationsübergreifend, die sich im Job durchmogeln, die mehr nehmen als geben und es den Führungskräften und Unternehmen schwer machen. Also pickt nicht eine Erfahrung raus und pauschalisiert drauflos. Das gilt auch andersrum. Nicht alle Menschen älterer Generationen denken so wie die Gruppe in meinem Zug. Nicht alle sind stur und unreflektiert. Nicht alle Führungskräfte sind schlecht oder Arschlöcher. Nicht alle Unternehmen böse. Es geht darum, gemeinsam eine Lösung zu finden, und ja, manchmal bedeutet das Kompromisse, zumindest vorerst.

Stell dir vor, du hättest alle Freiheiten der Welt. Wie sähen deine idealen Arbeitsbedingungen aus?

Welche Werte sind dir in deinem Job wichtig?

Wie würdest du diese Werte priorisieren?

IM GESPRÄCH MIT TRISTAN HORX

Tristan Horx ist Co-Founder des Netzwerks The Future: Project, Zukunftsforscher, Dozent, Speaker und Autor unter anderem der Bücher: *Sinnmaximierung. Wie wir in Zukunft arbeiten* und *Unsere fucking Zukunft. Warum wir für den Wandel rebellieren müssen.*

Wie würdest du die Generationen der Millennials und der Gen Z in Bezug zur Arbeitswelt voneinander unterscheiden?

Grundsätzlich sehen sich beide Generationen sehr ähnlich. Die Gen Z ist meiner Meinung nach ein bisschen desillusionierter. Sie haben zugeschaut bei dem, was die Millennials gefordert haben, und haben deren Abfuhr gesehen. Darum stehen sie für sich ein. Die grundsätzlichen Bedürfnisse sind aber relativ ähnlich. Die Entstehungsgeschichte der Arbeitswelt ist ein bisschen anders zwischen den beiden Generationen. Die Millennials sind in den Arbeitsmarkt gekommen, als die Wirtschaft noch richtig boomte. Die Gen Z kommt in einem Zustand dazu, wo so ziemlich nichts mehr boomt. Dafür ist die Gen Z ein viel knapperes Gut, was ein Vorteil ist. Sie kommen in einer Zeit an den Arbeitsmarkt, wo die Boomer nach und nach pensioniert werden, das heißt, sie haben eine viel stärkere Verhandlungsbasis. Deswegen können wir alle auch ein bisschen abgebrühter sein.

Welchen Einfluss nehmen dabei deiner Ansicht nach diese beiden Generationen auf die Entwicklung der Arbeitswelt?

Vor allen Dingen nimmt die Gen Z Einfluss. Die Millennials sind einfach keine rebellische Generation. Vierzig Prozent von den GenZlern wissen jetzt schon, dass sie in den nächsten zwei Jahren kündigen werden, das ist mit den Loyalitätseinstellungen der älteren

Generation gar nicht zu vereinen. Da liegt, glaube ich, auch der Schmerz drin. Da gibt es dieses wunderbare Beispiel, die Probearbeitszeit, die war ja früher für den Arbeitgebenden. Jetzt ist sie für die Arbeitnehmer, für die GenZler. Sie können bessere Anforderungen stellen, und das sollen sie auch gefälligst tun, denn wenn man sich immer nur fügt, verändert sich nichts.

Glaubst du, der Blickwinkel von Gen Z und den Millennials auf die Arbeitswelt ist nur für die jüngeren Generationen von Vorteil?

Meine These ist, dass die Argumente für die neuen Arbeitsformen erhöhte Produktivität sind, und dann profitieren alle davon. Man kann nicht ewig mit den industriellen Arbeitsmodellen auf moderne digitale Unternehmen draufhauen und sich dann wundern, warum es nicht funktioniert. Die Zeiten von einem Arbeitsmodell für alle Branchen, die sind vorbei. Und je früher das akzeptiert wird, auch von den älteren Generationen, desto besser, denn am Ende zählt eben die Produktivität, ist gleich Umsatz ist gleich Profit – hoffentlich. Und geht es der Wirtschaft gut, geht es allen gut. Der gute alte Klassiker.

Bezeichnungen wie „Generation Snowflake" oder „Generation Strawberry" sind dir ja sicherlich bekannt. Glaubst du an den Vorurteilen gegenüber den jüngeren Generationen ist was dran, also im Sinne von Wahrheit versus Mythos?
Diese Individualisierungsunterstellungen, die „Ich-Generationen", die so weinerlich und nicht mehr belastungsfähig seien, kann man bis in die Antike zurückverfolgen. Das ist nichts Neues. Was stimmt, ist, dass sich die jüngeren Generationen ein bisschen mehr individualisieren und schneller Gleichgesinnte finden, weil sie in den sozialen Medien unterwegs sind und dadurch mehr soziale Kontakte haben.

Aussagen wie „Die jungen Leute haben zu hohe Ansprüche" oder „Die jungen Leute haben keinen Bock zu arbeiten" hört man immer mal wieder. Wie würdest du diese einordnen?

Ich glaube, der Punkt ist eher, dass die Leute keinen Bock haben, Zeit abzusitzen, um das Ego des Chefs oder der Chefin zu streicheln. In den meisten Jobs, in denen die Leute einsteigen, ist man nicht mehr als drei oder dreieinhalb Stunden am Tag produktiv, und der Rest der Zeit wird dann abgesessen. Das zu hinterfragen ist völlig sinnvoll. Insofern wird das Hinterfragen der klassischen Arbeitsmodelle als Faulheit gewertet. Das tut eben weh, weil vor allem das mittlere Management sagt: „Ich hab immer acht Stunden abgesessen", und dann kommt jemand und antwortet: „Ich sitze nur drei Stunden, hab aber mehr geleistet als du, wer ist jetzt faul?" Ich lass die Frage mal rhetorisch im Raum stehen.

Würdest du sagen, die Ansprüche der jüngeren Generationen sind größer, also fordern sie wirklich mehr – oder sind ihnen einfach andere Dinge wichtiger?

Die Frage ist, wie man Ansprüche definiert. Das Problem hinter dem Ganzen ist die Ökonomie. Wenn du jetzt in den Arbeitsmarkt reinkommst, gibst du mehr als die Hälfte deines Einkommens für Fixkosten aus. Du kannst dir eigentlich nichts zusammensparen. Dann musst du dir noch anhören, dass du dran schuld bist, weil du zu faul bist. Da würde ich auch resignieren. Das Problem ist, dass die Babyboomer, eine sehr große, erfolgreiche Generation, sehr lange leben und mittlerweile sechzig Prozent des Wohlstands bunkern, weil sie so viele sind und im Wirtschaftsaufschwung aufgewachsen sind beziehungsweise ihn selbst mitgeschaffen haben. Jetzt müssen sich drei Generationen vierzig Prozent des Kuchens teilen. Da wird es ein bisschen knapp, und deswegen kommen diese Tendenzen der Verweigerung und der Resignation, weil sich, das kann man einfach so sagen, Leistung nicht mehr lohnt. Das

Problem kann man auch in Unternehmenskulturen sehen, wo nicht diejenige Person befördert wird, die am besten arbeitet, sondern die, die am besten dem Chef oder der Chefin in den Arsch kriechen kann. Die Welt verändert sich, und die Arbeitswelt muss sich auch verändern – das als Faulheit oder hohe Anforderungen zu sehen, ist verknapptes Denken – Mangel an Selbstkritik.

Ist es deiner Meinung nach wichtig, einen Sinn in seiner Arbeit oder in seinem Job zu sehen?

Ja, ich habe sogar ein Buch darüber geschrieben. Es gibt verschiedene Sinnmotivationen für Menschen. Manche Leute motivieren sich durch Empathie, andere durch Geld, und alles ist in Ordnung. Wenn man den Sinn zulässt, ihn differenziert erkennt und fördert, hat man auf einmal Leute, die wesentlich leistungsfähiger sind.

Was glaubst du, wie sich die Arbeitswelt zukünftig entwickeln wird – und wie sieht sie deiner Meinung nach aus?

Jetzt gerade kalibriert sich, welche Arbeitsmodelle für welche Branchen funktionieren, und das ist ein schmerzhafter Prozess, weil es natürlich dankbar war, ein Modell für alle zu haben, nämlich acht Stunden am Tag über alle Branchen hinweg. Das ist jetzt aber vorbei. Das heißt nicht, dass das Büro tot ist, das gehört zum sozialen Raum, wo man sich austauscht, aber eben als Begegnungsort und nicht als Ort der Kontrolle.

Möchtest du abschließend vielleicht noch etwas loswerden zu dem ganzen Thema, das dir auf der Seele brennt?

Beim Führungskapital gibt es eine Sache, die mir ins Auge sticht: Wenn wir ein meritokratisches System haben, das heißt, dass wir

Leute gemäß ihren Kompetenzen in höhere Positionen stecken, dann muss man da schauen: Okay, wer hat die höhere Ausbildung, wer hat den höheren Bildungsgrad? Und da sieht man mittlerweile, dass in Österreich und Deutschland die Frauen die Männer überholt haben. 60/40, ungefähr. Das heißt, wenn wir jetzt nach vorne rechnen, müsste es so sein, dass wir in zwanzig bis dreißig Jahren mehr Frauen in Führungspositionen haben als Männer.
Ich habe aber eher das Gefühl, dass wir feststellen werden, dass wir gar keine meritokratische Führungsordnung hatten. Dass wir Leute nicht nach Kompetenz befördern, sondern nach Arschkriecherei. Männerverbände, die sich gegenseitig hoch befördern.
Meine große Sorge gilt aber nicht den Frauen und der Gleichberechtigung, weil ich glaube, das kriegen wir hin, da bin ich mittlerweile optimistisch. Ich habe gerade Sorgen um die jungen Männer, weil das Bild von Männlichkeit unter anderem auch mit Führung assoziiert wird. Ein gutes Beispiel ist hier die Andrew-Tate-Bubble. Die gehen wieder in die Steinzeit zurück. Und junge Männer, perspektivlose junge Männer, ohne Sex und ohne Machtanspruch, sind für Gesellschaften meistens ziemlich gefährlich.
Ich weiß, gerade bei diesem Thema kämpfen Frauen wie wild, und das auch zu Recht. Meine These ist, ihr werdet die Männer überholen, und dann müssen wir schauen, was wir mit denen machen, weil da leider eine Menge Testosteron und Aggressionspotenzial liegt.

Tristan findet ihr unter anderem hier:

Tristan Horx
@tristanhorx
Horx und Horx Podcast
www.horx.com

DIE WELT VERÄNDERT SICH, UND DIE ARBEITSWELT MUSS SICH AUCH VER-ÄNDERN.

– TRISTAN HORX

WENN SICH EINE TÜR SCHLIEßT ... ÜBER KÜNDIGUNGEN UND NEUANFÄNGE

Und da saß ich nun. Vor meinem Laptop und starrte auf den Bildschirm. Während ich die letzten To-dos erledigte, merkte ich, wie sich ein Gefühl von Aufregung in mir breitmachte. Von Minute zu Minute wurde es stärker. Und dann klappte ich den Laptop zu. Ich saß da und starrte aus dem Fenster. Dieser Moment fühlte sich so irreal an, dass ich für eine kurze Zeit nichts fühlte. Ein paar Sekunden später musste ich weinen. Vor Glück, vor Freude, aus purer Erleichterung, weil ich diese unglaubliche Last, diese mehr als zehn Ordner, vollgestopft mit so viel Zeugs, einfach losgelassen hatte. Ich ging sie alle noch mal durch, jedes einzelne Blatt. Ich wollte losschreien, eine Art Jubelschrei von mir geben, um jegliches Gefühlschaos, das ich in mir trug, freizulassen.
Es war mein letzter Arbeitstag. Der Tag, an dem ich meinen letzten Job hinter mir ließ. Ein Neuanfang, der sich gleichzeitig so fremd anfühlte. Fremd, weil ich diese Gefühle nicht kannte. Ich hatte nicht das erste Mal gekündigt, aber wenn ich es getan hatte, war ich eher traurig gewesen, gute Zeiten „zurücklassen“ zu müssen und meine Gegenwart zur Vergangenheit werden zu lassen.
Doch ich kann euch hoch und heilig versprechen, dass das Glück, die Erleichterung und all die Freude in diesem Fall deutlich überwogen. Da war dieses Gefühl, frei zu sein, leichter, und ich war so stolz auf mich. Stolz, weil ich selbst nicht glauben konnte, was ich die letzten Monate ausgehalten hatte. Ich dachte nochmals über jede einzelne Sache

nach, über jede einzelne Situation, über Dinge, die passiert waren, die mit mir gemacht, die mir gesagt wurden. Und ja, ich habe das ganze Buch über versucht, meine emotionale Seite außen vor zu lassen, aber in dem Moment dachte ich nur „f*ck you" und „f*ck you doppelt und dreifach und noch zehnmal mehr. Am besten noch übermorgen und überübermorgen. F*CK YOU einfach." Sorry, not sorry.

Zurück zum Sachlichen: Man sitzt da und hat diesen Gedanken – zu kündigen. Ich weiß nicht, wie es euch geht, aber manchmal ist einem gar nicht klar, ob das jetzt gerade so ein dahergelaufener Gedanke ist oder ob man ihn ernst nehmen sollte. Manchmal erscheint er wie ein Ausweg. Das geringere Übel. Eine Möglichkeit, Konflikte und unangenehme Situationen zu vermeiden. Manchmal kommt der Gedanke an eine Kündigung auch aus dem Affekt. Als Trotzreaktion nach dem Motto: „Ich habe keinen Bock mehr auf all das, was mich tagtäglich umgibt." Manchmal verdrängt man ihn so schnell, wie er gekommen ist, und fragt sich bereits am nächsten Tag, wieso man überhaupt darüber nachgedacht hat. Manchmal kommen wir uns durch unsere eigenen Gedanken ziemlich dämlich vor (zumindest geht es mir oft so).

Aber wisst ihr – der Gedanke, den Job zu kündigen, kommt nicht einfach nur so aus Langeweile. Zu kündigen bedeutet, einen Lebensabschnitt zu beenden, etwas Altes abzuschließen, loszulassen und woanders neu anzufangen. Das klingt jetzt für viele vielleicht ein bisschen drüber, aber genau das ist es, was eine Kündigung in vielen auslöst. Das Gefühl eines Neuanfangs, durchatmen zu können, die Last, die so lange auf den Schultern saß, fallen zu lassen und weitermachen zu können. Immerhin gehen wir in den meisten Fällen, weil wir etwas beenden wollen oder müssen, weil uns das aktuelle nicht mehr erfüllt oder glücklich macht.

Deshalb nehmt diesen Gedanken ruhig ernst. Irgendwie scheint er ja eine Option zu sein, zumindest theoretisch, und ich finde es wichtig, sich zu fragen, wieso man gerade jetzt darüber nachdenkt. Ihr gebt nicht automatisch auf oder nehmt den leichtesten Weg, wenn ihr über eine Kündigung nachdenkt. Dinge, die in eurem Kopf passieren, passieren nicht umsonst. Ob ihr sie umsetzt, ist eine ganz andere Sache.

Also habt keine Angst davor, euch mit euren Gedanken auseinanderzusetzen.
Über ein Thema können wir aber gern diskutieren, und zwar wann man eigentlich kündigen sollte und wann nicht. Ich werfe den Satz „Es kann nur eine Phase sein“ hier gerne noch einmal ein. Klar, wenn euch der Job mal nervt, ihr hin und wieder keinen Bock auf euer Team habt, auf die Aufgaben oder ihr *gerade* nicht so mit eurer Führungskraft könnt, dann ist das nicht unbedingt ein Grund zu kündigen. Phasen kommen und gehen. Privat und beruflich. Nur ist es wichtig zu erkennen, wann eine Phase keine Phase mehr ist. Ist eine Besserung in Sicht? Wie lange geht es einem schon schlecht?
Wenn ihr euch länger mit Dingen umgebt, die euch nicht guttun, die euch belasten, wirkt sich das langfristig negativ auf eure Gesundheit aus. Um nicht länger in der nicht passenden Situation zu verharren, ist es hilfreich, einen Reality Check durchzuführen und sich die Frage zu stellen, wo man gerade steht. Wie ist die eigene Gefühlslage und wieso ist sie so?
Aber wie geht man da am besten vor? Reflektiert zu denken oder zu handeln ist nicht so leicht, wie man das gerne mal so sagt. Reflektiertes Denken und Handeln erfordern Anstrengung und Mut. Es bedeutet nämlich auch, sich mit sich selbst auseinanderzusetzen, eigene Schwächen oder Fehler zu erkennen und sie sich einzugestehen. Nehmt euch Zeit dafür, denn zwischen Tür und Angel funktioniert das nicht.
Auch hier kann ich euch nur raten, sich Meinungen oder einen Rat von anderen einzuholen. Diese Personen können aus dem beruflichen oder privaten Umfeld stammen, Hauptsache, sie versuchen, bestmöglich objektiv zu bleiben. Sprich, behaltet im Hinterkopf, dass nicht jede Person für jedes Anliegen passend ist. Ich denke aber, dass ihr hier sehr gut auf euer Bauchgefühl vertrauen könnt.
Also: Wenn ihr gerade in eurem beruflichen Leben (oder auch privat) struggelt und nicht weiterwisst, aber die Möglichkeit habt, mit anderen darüber zu reden, dann macht es!
Egal, ob ihr euch dazu entscheidet, mit jemandem zu sprechen oder ihr euch erst mal alleine Klarheit verschaffen möchtet, am Ende dieses Kapitels habe ich – so richtig oldschool – eine Pro-und-Kontra-Liste er-

stellt. Sie soll euch dabei helfen, möglichst objektiv eure aktuelle Situation zu reflektieren. Funny wäre es, wenn ihr am Ende denkt: Boah, ich hätte lieber mehr „Pros“ gehabt, dabei habt ihr mehr Kontras herausbekommen, die für eine Kündigung sprechen. Aber ist das dann nicht auch eine Erkenntnis? Sich darüber bewusst zu werden, was man nicht möchte? Das hat was von: „Soll ich das oder das anziehen?“ Ihr zeigt einer Person zwei Outfits – und zieht am Ende das an, was sie nicht gewählt hat. Sprich: Es ist wichtig, sich selbst darüber klar zu werden, was man wirklich möchte und was einem guttut.

DIE KUNST DER KÜNDIGUNG

Bis auf den letzten supi dupi Job (offensichtlich Sarkasmus) fiel es mir immer schwer zu kündigen. Klar, das lag mitunter sicherlich auch daran, dass ich irgendwas zwischen Anfang bis Mitte zwanzig war und Kündigungen jetzt nichts sind, was man tagtäglich macht, wie beispielsweise Zähne putzen (ich hoffe, ihr macht das täglich ... Leude). Egal, wie die Ausgangssituation ist, kündigen fällt nie leicht. Ich hatte immer irgendwie Angst vor der Reaktion, egal, wie gut ich mich mit meinem Team oder mit meiner Führungskraft verstanden habe. Ich habe mir wirklich tagelang den Kopf darüber zerbrochen, wie ich was sagen werde. Was ich sagen sollte, sagen müsste oder besser nicht. Ich hatte Angst, dass man mir Fragen stellen würde, auf die ich entweder keine Antwort hatte oder auf die ich am liebsten nicht antworten wollte. Da reichte schon die legitime Frage, wieso ich mich denn dazu entschieden habe.
Keine Ahnung, wie es euch damit geht oder welche Erfahrungen ihr gemacht habt, aber zu kündigen hat auch irgendwie was Unangenehmes. Vielleicht, weil man Angst hat, doch eine falsche Entscheidung getroffen zu haben. Immerhin verlässt man ja sein gewohntes Umfeld, bekannte Strukturen und Menschen, mit denen man sich vielleicht gut bis sehr gut verstanden hat. Gerade, wenn man sich auf sozialer Ebene wohlgefühlt hat, fällt es noch schwerer, loszulassen. Wie oft lese ich in meinen Kommentaren: „Ich würde gerne kündigen, aber ich habe Angst davor, dass ich meine Kollegin/Freundin verliere.“ Ich kann das so

gut nachempfinden! Womöglich kennen einige das Gefühl, ein schlechtes Gewissen zu haben, weil sie denken, andere durch die Kündigung im Stich zu lassen. Die Angst vor, ja, einer Veränderung ist bei einer Kündigung auf jeden Fall präsent.
Selbst bei einem ungesunden Arbeitsumfeld geht eine Kündigung nicht so easy von der Hand. Hier ist es die Angst vor der Konfrontation mit den tatsächlichen Problemen, mit den eigenen und fremden Emotionen, mit verschiedenen Charakteren, die einem diese Entscheidung schwer machen. Man weiß ja nie, wie auf eine Kündigung reagiert wird, und das ist es, was es so fucking unangenehm macht.
Aber da müssen wir durch. Wir entscheiden uns ja nicht einfach so für diesen Weg, wir haben unsere Gründe dafür. Gründe, die für uns und unser Leben relevant sind. Ihr braucht euch nicht dafür zu rechtfertigen. Ihr macht das für euch. Für euer Leben und vielleicht auch für eure Gesundheit. Selbst wenn ihr danach merkt, dass der neue Weg doch nicht das Richtige für euch war, dann nehmt es hin. Es kann nicht immer alles rosig laufen, manchmal greift man in die Tonne und landet im Müll. Aber diese sprichwörtlichen „Müllerfahrungen" sind auch Erfahrungen, und sie tragen dazu bei, dass ihr langfristig den richtigen Weg für euch findet. Viele Wege führen nach Hamburg (oder in welcher Stadt auch immer ihr leben wollt), also habt keine Angst davor, einen womöglich für den Augenblick „doofen" Weg einzuschlagen. Es ist eine Momentaufnahme eures Lebens. Ihr werdet danach mehr denn je wissen, was ihr wollt und was ihr nicht wollt.
Aber wo waren wir stehen geblieben? Genau. Wie kündigt man denn jetzt richtig? Ich würde sagen, der Teufel steckt im Detail, und irgendwie ist der Vorgang auch ein bisschen von der Situation abhängig, in der ihr euch befindet. Damit will ich nicht sagen, dass es keinen allgemeingültigen Weg gibt. Beispielsweise ist es immer sinnvoll, die vertraglich geregelte Kündigungsfrist zu checken, auch solltet ihr vor Abgabe einer Kündigung mit eurer Führungskraft darüber sprechen. Am besten setzt ihr hierzu ein Extragespräch an. Das gibt euch und eurer Führungskraft die Möglichkeit, in Ruhe und offen zu reden. Selbst wenn für euch klar ist, dass ihr gehen werdet, ist etwa die Nachfrage nach euren Beweggründen legitim. Egal, wie ihr zu eurem Job und eu-

rer Führungskraft steht – Feedback geben ist und bleibt wichtig. Ihr habt die Möglichkeit, noch mal Dinge loszuwerden (auf Augenhöhe, ist ja klar) und Altlasten abzulegen oder positive Worte zurückzugeben. Also merken wir uns: Ein Vorgespräch zur Kündigung ist auf jeden Fall wichtig. Das könnt ihr online oder vor Ort planen.
Meine erste Kündigung, zum Ende der Ausbildung, war face to face und ich war 22 ... Das fiel mir gar nicht leicht.

Ich würde gerne mit dir über ein bestimmtes Thema sprechen.

Danke, dass du dir die Zeit für das Gespräch genommen hast.

Ich habe mir viele Gedanken gemacht und bin zu dem Schluss gekommen, dass ich noch einmal etwas anderes machen möchte/Veränderung brauche, dass ich mich weiterentwickeln, dass ich neue Wege gehen möchte.

Ich habe mich (nach langer Überlegung) dazu entschlossen, zu kündigen.

Ich freue mich trotzdem auf die letzten gemeinsamen Wochen.

Bei dieser ersten Kündigung dachte ich kurzzeitig, mein Herz springt mir gleich aus der Brust raus und wie ein Flummi durch die Gegend. Das Witzige war, dass meine damalige (Fast-)Chefin ganz trocken meinte: „Joanne, das ist die richtige Entscheidung. Ich find gut, dass du studieren möchtest. Ich wünsche dir nur das Beste.“ Ich war so positiv geschockt, dass ich nur überglücklich dasaß und grinste.

Die zweite Kündigung fiel mir deutlich schwerer, obwohl ich mittlerweile 25 war (wow, drei Jahre älter). Das lag daran, dass ich, was meinen Job betraf, eine viel stärkere emotionale Bindung hatte. Mal abgesehen davon, dass ich das Gefühl hatte, meine Freundin im Stich zu lassen und ich solche Angst davor hatte, danach irgendwie alleine zu bleiben (Grüße gehen raus). Immerhin waren meine sozialen Kontakte aus meinem damaligen Job so ziemlich die einzigen, die ich hatte, denn die aus meiner Ausbildungszeit waren irgendwann im Sande verlaufen (nice, eine neue Redewendung). Hier hatte ich aufgrund der Kündigungsfrist nicht so viel Zeit für das Gespräch vor Abgabe der Kündigung, weshalb ich ein spontanes Meeting am Abend vom Homeoffice aus plante. Natürlich mit der vorherigen Nachfrage, ob meine Führungskraft heute noch Zeit hätte. Irgendwie war ich auch ein bisschen froh darüber, dass ich nicht im Büro meiner Führungskraft saß. Digitale Meetings schaffen ein wenig Distanz, und um ehrlich zu sein, fand ich das in dem Moment richtig gut. Weil das Meeting so spontan stattfand, konnte ich mich nicht wirklich darauf vorbereiten. „Ja, worauf genau?" ist jetzt sicherlich eure Frage. Ich wusste es selbst nicht. Im Endeffekt musste ich ja nur sagen, dass ich kündigen möchte, aber es fühlte sich an, als müsste ich eine Prüfung ablegen. Statt mir, wie bei einem Feedback-Gespräch, genau zu überlegen, was ich wie sage, ging ich gedanklich durch, wie ich überhaupt dazu gekommen war. Aber auch, ob ich das jetzt wirklich durchziehen wollte.
Ihr müsst dazu wissen, dass ich große Probleme damit habe, Dinge „abzubrechen". Ich weiß nicht wieso, aber ich habe diesen Job immer in Verbindung mit dem Studium gesehen. Klar, die Studienkosten wurden ja auch übernommen. Dadurch hatte ich das Gefühl, wie in meiner Ausbildung bis zum Schluss an meinen Betrieb gebunden zu sein. Dabei war ich ja längst nicht mehr in einer vergleichbaren Situation, aber es fühlte sich trotzdem so an. Hätte ich ein berufsbegleitendes Studium mit Mitte dreißig begonnen, hätte ich mich nicht so gefühlt. Ich liebe meine teils wirklich unlogischen Gedankengänge, aber na ja. Gleichzeitig hatte ich Angst vor der Reaktion meiner Führungskraft, und das, obwohl ich wusste, ich brauche nicht mal welche zu haben, weil ich nie Angst haben musste, meine Perspektive zu teilen.

Mit all diesem Gedankengulasch ging ich also in das Meeting, und, naja, was soll ich euch sagen? Ich hatte mir wieder unnötig den Kopf zerbrochen. Absolut nichts Neues mehr. Dass die Frage, wieso ich gehe, kam, war ja irgendwie klar, und meine Antwort ehrlich gesagt auch. Es war offensichtlich, dass sich Prozesse und Strukturen so verändert hatten, dass es für das Team schwerer wurde, mit ihnen zu arbeiten. Hinzu kam, dass ich durch diese Veränderungen (oder auch Nicht-Veränderungen) immer unglücklicher mit der eigentlichen Arbeit geworden war, die mir ja nie die Erfüllung gebracht hatte, was für die damalige Zeit absolut okay war. Das „große Ganze" und so.
Wie ich schon erwähnte, gab es auch in diesem Job nicht so gute Phasen, und dazu gehörte unter anderem der Part mit meiner Führungskraft. Nicht nur, dass rein arbeitstechnisch alles nicht so gut gelaufen war, ich hatte zudem das Gefühl, meine Führungskraft immer weniger einschätzen zu können. Das hat es unfassbar schwer gemacht, weiterhin die offene und kommunikative Zusammenarbeit aufrechtzuerhalten. Ich hatte das Gefühl, zeitweise mit einer völlig anderen Person zusammenzuarbeiten.
Versteht mich nicht falsch: Da sind keine schlimmen Dinge vorgefallen, da gab's nichts Ungesundes oder Toxisches. Ganz im Gegenteil. Es hat nur für einen längeren Zeitraum nicht mehr funktioniert, und ja, Konflikte gibt es auch in einem tollen und gesunden Arbeitsumfeld. Das gehört dazu. Aber Phasen sind nur dann Phasen, wenn sie sich absehbar wieder in eine positive Richtung entwickeln – und das hatte es hier nicht. Dass meine Führungskraft dann selbst kurz vor mir kündigte, zeigte mir, dass es für mich an der Zeit war, einen anderen Weg einzuschlagen.
Auf die Frage, wieso ich kündige, kannte meine Führungskraft auch die Antwort – eigentlich. War ich am Ende zu hundert Prozent ehrlich? Na ja, wohl eher zu siebzig Prozent. Der Part der eigentlichen Arbeit, also die Strukturen und Veränderungen, war offensichtlich, aber die dreißig Prozent, die meine Führungskraft einnahm, nicht. Und ich würde hier gerne wieder ein positives Beispiel einfügen, denn nach der Frage, wieso ich gehe, kam direkt die Nachfrage, ob sie an meiner Entscheidung Mitschuld trägt. Die Antwort: Ja. Und auch, wenn ich hier läppische zehn Prozent Mitschuld zugegeben habe, obwohl es ja um die dreißig Prozent

waren. Keine Ahnung, wieso ich in diesem Moment nicht so ehrlich war wie sonst; es regt mich noch heute auf. Dennoch war es ein Hinweis darauf, was sonst noch Beweggründe für die Kündigung waren.

Communication is key, das habt ihr hier jetzt schon ziemlich oft gelesen. Austausch ist wichtig. Nur so können wir voneinander lernen. Ich weiß auch, dass ich sehr viel Glück mit meinen Arbeitgebenden hatte (außer beim letzten Job). Ich hatte Glück mit der Art der Ausbildung oder meiner Förderung im berufsbegleitenden Studium, ich hatte unfassbares Glück mit meinen Führungskräften (ja, außer ...) und meinen Kolleginnen und Kollegen. Wirklich. Das ist mir bewusst. Nicht überall läuft das so offen und ehrlich ab. Nicht überall gibt es trotz stressiger, nerviger und schlechter Phasen so viel Harmonie und eine Zusammenarbeit auf Augenhöhe. Das ist schade. Da muss ich nur einmal die Kommentare unter meinen Videos oder mein Postfach öffnen – und die Realität holt mich ganz schnell wieder ein. Aber genau deshalb teile ich so viel Content auf Social Media genau zu diesen Themen, weil es anders laufen sollte. Weil es anders laufen muss. Ich stelle mir eine Welt vor, in der all das Gute, das ich erleben durfte, jede und jeder erleben darf. In der Jobs Freude bringen. Es muss nicht mal die Sinnerfüllung sein, aber sie sollten wenigstens eine gesunde Umgebung bieten. Und wer sagt, dass ich maximal unrealistisch bin und hier rumträume – ja, ich mag positive Vorstellungen. Ja, ich träume gerne. Aber Träume sind doch da, um in Erfüllung zu gehen, oder nicht? Zumindest können wir unseren Teil dazu beitragen, dass Träume in Erfüllung gehen.

KÜNDIGUNG: DIE CHECKLISTE

- ✓ Kündigungsfristen checken
- ✓ Kündigungsgespräch terminieren
- ✓ Schriftliche Kündigung vorbereiten inklusive Unterschrift und Hinweis, zu wann gekündigt wird
- ✓ Sicherstellen, dass die Kündigung eingegangen ist

CIAO KAKAO

Der letzte Arbeitstag. Der kann für viele schön und traurig werden, für andere ist er einfach nur die pure Erlösung. Und im letzten Fall war es auch für mich eine Erlösung. Das Kapitel lag hinter mir. Zugleich war ich wütend und sauer, und zwar deshalb, weil da so viel war, was ich noch hätte sagen wollen. Ich wollte so viel loswerden, ablassen, meine Meinung rausballern ohne Rücksicht auf Verluste. Die Frage ist dabei immer, ob das wirklich den gewünschten positiven Effekt für einen selbst hat oder ob man sich bei solchen Konfrontationen nicht doch auch ein bisschen selbst verliert. Ein Gespräch über die Kündigung zu führen, das habe ich in meinem Extremfall tatsächlich nicht gemacht. Das lag aber auch daran, dass ich zu dem Zeitpunkt krankgeschrieben war, ich zwischen meinem alten und dem neuen Team hing, keine mir zugeordnete Führungskraft mehr hatte und sich um mich auch sowieso keiner mehr Gedanken machte. Nach dem Motto: „Ob du jetzt da bist oder nicht, ist eh egal."

Also ging meine Kündigung einfach direkt an HR (Human Ressources), per E-Mail mit dem Hinweis, dass die schriftliche Kündigung per Post folgt. In CC an alle gefühlt 300 Führungskräfte aus meinem alten Team, weil ich keine Ahnung hatte, wer sich darum kümmert. Natürlich habe ich meine Kündigung noch mal per Post eingereicht – und zwar per Einschreiben. Sicher ist bekanntlich ja sicher. Glaubt mir, in dieser Phase habe ich wirklich auf gar nichts mehr vertraut. Jeden Tag spielte mir mein Kopf ein neues Worst-Case-Szenario aus. Als hätte ich jegliches Vertrauen in alles und jeden verloren.

Und auch wenn ich seit dem Tag meiner Krankschreibung gefühlt nie wieder etwas mit meinen alten Führungskräften zu tun hatte, gerade zwei Personen hätte ich gerne viele Dinge gesagt. Noch heute stelle ich mir manchmal vor, ob es sogar gut gewesen wäre, einfach mal Gegenwind zu geben, um Leuten die Chance zu geben, auf den Boden der Tatsachen zurückkehren zu können.

Ich hätte auch eine E-Mail schreiben können, geladen mit Emotionen. Hätte es mir persönlich etwas gebracht? Nein. Hab ich es deswegen auch sein lassen? Ja. Ganz ehrlich: Ich glaube, es wäre auch egal gewesen, und irgendwie passt das weder zu mir als Person noch hätte ich es gefühlt, auf diese Weise das Kapitel zu beenden. Das ist einfach nicht mein Ding. Gerade in Extremfällen kocht da schnell etwas unkontrolliert zusammen, und es fällt schwer, die eigenen Gefühle einschätzen zu können. Mache ich das jetzt aus Prinzip oder ist es mein Bauchgefühl? Geht es mir danach wirklich besser? Gehört sich das nicht, oder denk ich das nur? Wie du mir, so ich dir?

Extremfälle sind nun mal Extremfälle, aber wie sieht das denn in „normalen" Situationen so aus? Ich denke, insgeheim kennt ihr die Antwort schon: Ihr müsst wissen, was euch guttut. Ihr könnt gehen, wenn ihr wollt, ohne ein weiteres Wort zu sagen. Ihr müsst nicht auf heiter und Family machen, wenn euch nicht danach ist. Bleibt freundlich und auf Augenhöhe, aber ihr müsst euch nicht verstellen. Sagt, was ihr loswerden möchtet, wenn ihr euch danach fühlt. Seid konstruktiv, aber so, dass ihr trotzdem die Last von euren Schultern loswerdet. Ihr dürft Feedback geben und solltet es auch. Das gilt für Führungskräfte und auch für Teamkolleginnen und -kollegen. Vielleicht wollt ihr auch im Guten gehen und Konflikte aus der Welt schaffen. Ganz gleich, um welchen Lebensbereich es sich handelt – ein Kapitel muss nicht mit einem schlechten Gefühl enden. Und selbst wenn euer Versuch nicht so gut ankommt wie erhofft, ihr habt es zumindest probiert – und das ist das, was zählt. Euer Bauchgefühl sagt euch, was ihr braucht.

Denkt vor allem daran, dass ihr nie wisst, ob ihr Personen nicht doch noch mal trefft (ich verzichte bewusst auf ein neues Sprichwort). Das heißt nicht, dass ihr euch in gute Situationen zwingen sollt. Ihr sollt nicht auf Krampf im Guten gehen oder es allen recht machen wollen, um bloß jeden Kontakt wahren zu wollen. Das ist Bullshit, und das müsst ihr auch nicht. Was ihr aber tun müsst, ist, euch so auf euren neuen Weg vorzubereiten, dass ihr ihn möglichst ohne Altlasten beschreiten könnt. Stellt euch die Frage: Wie möchte ich dieses Kapitel beenden? Möchte ich reinen Tisch machen? Alles rauslassen – oder doch im Stillen gehen? Was tut mir wirklich gut?

KEIN ABSCHIED OHNE NEUANFANG

Ich weiß noch, wie es sich angefühlt hat, als mir klar wurde, dass ich kündigen will. Bei dieser Situation war das allein bereits wie eine Erleichterung. Endlich war ein Ende in Sicht. Nur noch ein bisschen durchhalten, und dann habe ich es geschafft. Und ja, ich bin von meinem letzten Job in die Selbstständigkeit gegangen, einfach war das trotzdem nicht. Ich hatte Bedenken, Angst, hinterfragte mich oder stellte mir wieder mal Worst-Case-Szenarien vor. Ja, Worst-Case-Szenarien können einem Entscheidungen echt schwer machen. Tun sie auch. Sie zeigen uns genau das, was wir auf keinen Fall möchten. Das genaue Gegenteil von einer positiven Entwicklung der Dinge.
Mein Worst-Case-Szenario sah so aus: Mein Job als Influencerin bricht von heute auf morgen weg, mein angesparter finanzieller Puffer reicht nicht aus, und womöglich passieren noch andere Dinge, die unvorhersehbare Kosten mit sich bringen. Dabei ist es eigentlich der Schritt aus der gewohnten Umgebung auszubrechen, aus der Komfortzone zu springen und es schlichtweg zu versuchen.
Mein Worst-Case-Szenario in der Ausbildung war ein anderes: Danach nichts zu finden. Keine Stelle in meinem Ausbildungsbetrieb, keine außerhalb. Einfach nach der Ausbildung dazustehen, in einer anderen Stadt, in der man unbedingt bleiben möchte, mit einer eigenen Wohnung, die von einem Ausbildungsgehalt bezahlt wird. In der ein finanzieller Puffer die ganze Ausbildungszeit gebraucht hat, um aufgebaut zu werden. Dann in einem Job zu landen, der einen nicht erfüllt (gedanklich für immer) und ich niemals die Möglichkeit bekomme, „weiterzumachen", in den Bereich zu gehen, der mich wirklich interessiert, oder erst zehn Jahre später und ich dann aber gar keine Lust mehr habe, neue Wege zu gehen, weil ich so in den Routinen bin, dass es mir schwer fällt auszubrechen. Ich hatte Angst, meine neue Wahlheimat, von der ich nie dachte, dass ich sie jemals finden werde, verlassen zu müssen, weil ich mir die Miete nicht leisten kann. Versteht mich nicht falsch: Meine Heimat ist nicht schlecht, aber ich hatte endlich das Gefühl, reinzupassen, mein eigenes Ding zu haben – wisst ihr? Dieses Gefühl wollte ich nicht loslassen. Ich hatte quasi Angst, ein Leben zu führen, das ich von

Anfang an nicht leben wollte – und das, obwohl ich so motiviert war.
Die Zeit von der Ausbildung ins Studium war hektisch, sehr nervenaufreibend, bis ich endlich etwas gefunden hatte, was sich am Ende als maximal richtig herausgestellt hat. Ich hatte nicht aufgegeben. Und in dem neuen Job, dem ersten im Studium, angekommen, war die spätere Ausgangsposition anders als zum Ende der Ausbildung. Ich hatte Zeit. Zeit, um mich in Ruhe um einen neuen Job zu kümmern, was nicht heißt, dass ich es nicht abwarten konnte, endlich eine Zusage zu bekommen. Aber ich war entspannter (auf jeden Fall, was die „finanzielle Panik" anging). Ab August 2021 schrieb ich Bewerbungen, führte Bewerbungsgespräche und bekam im Oktober 2021 auch eine Zusage. Das war relativ schnell. Man darf aber nicht vergessen, dass es stark darauf ankommt, in welchem Zeitraum man sich bewirbt oder wie schnell Unternehmen auf Bewerbungen reagieren. Sprich, wie der Bewerbungsprozess gestaltet ist. Das hat auch etwas mit den Branchen zu tun, und Start-ups sind nach meiner Erfahrung um einiges schneller und unkomplizierter als beispielsweise Konzerne. Also no pressure. Wenn es bei euch länger dauert, dann liegt das manchmal auch an äußeren Faktoren, auf die ihr keinen Einfluss habt. Und manchmal passt es auch einfach nicht. Wie oft war ich traurig, weil es hier und da eine Absage gab. Fun Fact: Ohne diese Absagen würde ich heute nicht dieses Buch schreiben. Gut, dass ich in einigen Bereichen meines Lebens Absagen kassiert habe.
Aber weiter im Text (weil Buch und so … verstanden?). Die andere Seite ist, keinen Plan B sofort aus dem Ärmel schütteln zu können, der einem zumindest die aktuelle Lebenssituation finanziert.

Kleiner Hinweis:
Solltet ihr selbst kündigen oder eine Kündigung selbst verschulden, könnt ihr vom Arbeitsamt bis zu zwölf Wochen für die Auszahlung des Arbeitslosengelds gesperrt werden. Nur in Ausnahmefällen kann die Sperrfrist aufgehoben werden.

Und all diese Worst-Case-Szenarien neben den üblichen Unsicherheiten, Ängsten und Sorgen? Absolut verständlich, dass man nicht von heute auf morgen die Kündigung über den Tisch pfeffert und sagt: „Fuck it. Ich bin raus", schon gar nicht, ohne einen Plan B zu haben. Natürlich heißt das nicht, dass es keine Leute gibt, die genau das so durchziehen, was ich persönlich ziemlich bewundernswert finde: „Bis hierhin und nicht weiter. Ich find schon was." Einige würden sagen: „Leichtsinnig und unvernünftig, ohne neue Perspektive so zu kündigen" – ich finde, es ist stark und mutig. Ja, bewundernswert. Auf sich und auf seine Bedürfnisse zu hören und sich an erste Stelle zu stellen ist nicht unbedingt egoistisch, sondern in vielen Fällen einfach notwendig, zumal dann, wenn die Situation wirklich belastend ist.
Es kommt also immer darauf an, in welcher Lage wir selbst stecken und wie unsere Persönlichkeit gestrickt ist. Ihr könnt jederzeit parallel nach neuen Möglichkeiten suchen. Aber abends nach einem anstrengenden Arbeitstag auf der Couch zu recherchieren, Bewerbungen zu schreiben, Termine zu vereinbaren, Gespräche zu führen, gestellte Aufgaben zu bearbeiten und zu präsentieren und auch Absagen zu bekommen – das ist nicht leicht. Ich weiß das. Aber es gibt euch die Sicherheit: „Wenn ich kündige, dann wartet bereits etwas Neues auf mich." Zu kündigen ohne einen Plan B oder neuen Plan A zu haben, ist eine Option, vor allem dann, wenn ihr es gesundheitlich und/oder mental nicht mehr aushaltet. Ich glaube, wir sollten es niemals bis zu diesem Punkt kommen lassen, aber oftmals merken wir in den Situationen ja selbst nicht, wie schlimm es doch schon längst geworden ist. Wägt ab, was für euch aushaltbar ist und was nicht. Vielleicht habt ihr auch die Möglichkeit, euch Unterstützung aus eurem Umfeld zu holen, sei es finanziell, beim Bewerbungsprozess oder nur für einen Rat. Ich weiß, ihr könnt das.
Ja, das Gefühl, eine Kündigung zu planen, kann so viele unterschiedliche Emotionen in uns auslösen, dass wir mit diesem inneren Chaos überfordert sein können.

„Vielleicht sollte ich doch bleiben. Nicht kündigen. Wer weiß, ob ich danach nicht noch schlimmer dran bin oder was „Gutes" aufgebe, nur weil ich unbedingt mehr wollte." Na, schon mal selbst so gedacht? In einem Kommentar unter einem meiner Videos schrieb eine Person, dass man sich auch einfach mal mit Dingen zufriedengeben darf, und selbst wenn man zwanzig Prozent kacke findet, es aber immer noch achtzig Prozent gute Dinge gibt, die andere nie haben werden. Joa, also was soll ich euch sagen? Ich habe einen Teil der Aussage irgendwie nachvollziehen können. Und zwar den Part, dass nie alle guten Dinge beisammen sind. Ja, da gehe ich mit. Was ich aber nicht nachvollziehen kann, ist die Aussage, dass man nicht nach mehr streben dürfe, nur weil andere schlechter dran sind. Manchmal habe ich das Gefühl, dass wir aufhören, an den gesunden Menschenverstand zu appellieren. Ich meine, es ist doch logisch, dass nicht immer alles rund läuft, oder?
Meine Antwort darauf: Doch, ihr dürft. Ihr dürft euch über Dinge beschweren, ihr dürft euch über Dinge aufregen und vor allem dürft ihr eins: Dinge ändern wollen! Es gibt nämlich einen Unterschied zwischen den Menschen, die dauernd meckern, sich aufregen, eine katastrophale Negativität durch ihr Leben schleppen, unbewusst (oder bewusst) nach Ausreden suchen – und den Menschen, die nicht in ihrer Situation verharren möchten. Es ist ja klar, dass ein Weg nach Verbesserung nicht immer der leichteste ist. Vielleicht ist der Weg zur Veränderung sogar der härteste, weil er mehr Anstrengung und Mut erfordert, als den leichteren Weg zu wählen, nämlich dort zu bleiben, wo man ist. In der Situation zu bleiben, mit der man absolut unzufrieden ist. Weil man Angst vor Veränderung hat. Meckern ist nämlich leichter. Veränderung muss man wollen. Veränderung muss man selbst erzeugen.
Ist das eigentlich so eine deutsche Argumentation? „Ja, andere haben's aber viel schlechter. Du darfst dich gar nicht schlecht fühlen ..." Nur weil es euch „besser geht" als anderen, heißt das nicht, dass es euch nicht schlecht gehen darf. Es darf euch schlecht gehen, und zwar egal, in welcher Lebenssituation ihr gerade steckt. Egal, ob ihr einen Traumjob habt, eine tolle Beziehung, eine tolle Wohnung, ob ihr gesund seid oder gerade im Lotto gewonnen habt. Ihr dürft euch schlecht fühlen. Ihr dürft Veränderung wollen. Ihr dürft nach mehr streben!

Und wenn ihr diese Veränderung wagt, diesen Schritt, sich aus dem Gewohnten zu lösen, dann liegt ein neuer Weg vor euch. Ein Weg, den ihr noch nicht wirklich kennt, der noch unscharf erscheint. Ihr seht vielleicht den Anfang, die ersten Schritte. Aber nicht, was dahinter liegt, die Reise, die euch weiterführt. Eine Reise, die neue Erfahrungen und persönliche Entwicklungen mit sich bringt. Sie lässt uns wachsen mit all den neuen Aufgaben, so wie es schon die zurückliegende Reise mit uns getan hat. Und ja, wir wissen nicht, was kommt. Vielleicht sammeln wir nach einer guten Erfahrung eine schlechte. Vielleicht folgt auf eine schlechte Erfahrung auch eine gute.

Wir wissen nicht, was die Zukunft bringt. Wir wissen nur, wie es uns in diesem Moment geht. Wir wissen, was uns stört, was uns glücklich macht und wohin wir wollen. Selbst wenn wir dabei total ins Klo greifen, jede Erfahrung bringt uns weiter, macht uns stärker, zeigt uns, was wir wirklich wollen oder eben nicht. Erfahrungen zeigen uns unsere Werte, Normen und das, für was wir einstehen wollen. Erfahrungen zerren oft an unseren Kräften, körperlich und mental, aber sie sind da, um gemacht zu werden. Wozu darüber grübeln, was alles kommen könnte? Wozu die Frage: „Was wäre, wenn ..., was wenn ich dieses und jenes getan hätte?“ Warum nicht einfach machen? Da warten so viele Dinge auf uns, die wir uns nie erträumt hätten. Dinge, ja vielleicht sogar Menschen, die unser Leben bereichern können. Und wenn es gerade für die Tonne war, dann war das so. Ihr habt es zumindest probiert. Es ist euer verdammtes Leben, also macht, worauf ihr Bock habt! Das nämlich ist alles, was zählt. Also – worauf wartet ihr noch?

Was ist dein aktueller Berufsstand? (Studium, Ausbildung, Berufseinsteiger etc.)

Wie ergeht es dir in deinem aktuellen Job? (Wenn schlecht, wie lange schon?)

Überwiegen die Tage, an denen du dich gut fühlst, oder die, an denen du dich schlecht fühlst?

☐ Gute Tage ☐ Schlechte Tage

	Ja	Nein
Bist du zufrieden mit deinen Aufgaben?	☐	☐
Fühlst du dich wohl in deinem Team?	☐	☐
Fühlst du dich wohl mit deiner Führungskraft?	☐	☐
Hast du das Gefühl, wertgeschätzt zu werden?	☐	☐

Was fehlt dir in deinem Job?

Wie fühlst du dich in deinem Feierabend?

Überlege, was dir an deinem Job gefällt und was nicht, und schreibe es in die Liste rein. Die vorgegebenen Kriterien dienen zur Unterstützung. Vielleicht fallen dir noch weitere ein, die du positiv oder negativ hervorheben möchtest?

____

____

Hier noch einige Punkte, die für oder gegen deinen Job sprechen können:

	Pro	Kontra
Arbeitsweg	☐	☐
Erwartungshaltung	☐	☐
Arbeitszeit	☐	☐
(Work-Life-Balance)	☐	☐
Führungskraft	☐	☐
Arbeitsfelder/Aufgaben	☐	☐
Freiheit/Mitbestimmung	☐	☐
Arbeitsatmosphäre	☐	☐
Team	☐	☐
Gehalt	☐	☐

Diese abschließende Reflexion dient als kleine Unterstützung, um dir deine aktuelle Situation vor Augen zu führen. Bitte beachte daher auch, dass einzelne Punkte der Pro-&-Kontra-Liste mehr Gewichtung haben können als andere. Nur weil du mehr Pro-Punkte auf deiner Liste hast, heißt das nicht, dass du zwingend bleiben musst. Genauso wie mehr Kontra-Punkte nicht automatisch bedeuten, dass du kündigen solltest. Zum Beispiel kannst du dem Punkt „Führungskraft" mehr Gewichtung geben als etwa dem Gehalt oder dem Arbeitsweg.

IM GESPRÄCH MIT KIRA MARIE CREMER

Kira Marie Cremer ist Gründerin von QUINGS, Beraterin, Speakerin, Vertreterin von New Work und Autorin des Buches *Eingetaucht: New Work. Wie arbeiten wir in Zukunft?*

Was bedeutet für dich New Work?

New Work entwickelt unsere Arbeit weiter, sodass wir erfülltere Menschen werden. Es ist nicht nur mit Homeoffice oder der Viertagewoche gleichzusetzen. Es geht darum, zu schauen, was uns Menschen guttut und wie wir Arbeit weiterentwickeln sollten, damit sie wirklich etwas wird, was uns erfüllt, wir gerne hingehen und wir damit vielleicht einen gewissen Impact leisten. Das ist bei jeder Person unterschiedlich. Deswegen ist New Work auch sehr stark auf Individualität fokussiert.

Welche Chancen ergeben sich deiner Meinung nach durch New Work?

Dass sich Arbeitgebende hinterfragen, wie sie Arbeit verstehen und auch was die Stellen, die sie anbieten, für Arbeitnehmende beinhalten. Ob die Arbeit wirklich sinnbringend ist und sie, wie sie jetzt gelebt wird, so weiterverfolgt werden sollte. Eine weitere Chance ist, dass Arbeitnehmende ihre Arbeit hinterfragen, die sie leisten. Ist es das, was ich tun möchte, oder nicht? Bringt mich das weiter, menschlich oder in anderer Hinsicht? Und natürlich geht es auch darum, den Fachkräftemangel zu lösen, Fluktuation zu verhindern und Mitarbeitendenbindung in Unternehmen zu stärken. New Work bezieht sich zudem auf Berufe, bei denen man sich erst mal nicht vorstellen kann, wie es umgesetzt werden kann. Zum Beispiel im Handwerk, in der Bank, in der Politik.

Wie sieht deiner Meinung nach die Arbeitswelt der Zukunft aus und wie unterscheidet sich diese von deiner Wunschvorstellung?

In unseren Köpfen kann sich sehr schnell viel verändern, aber es in die Praxis umzusetzen, ist schwierig, weil wir bestimmte Glaubenssätze verankert haben, die man nicht einfach so löschen kann. Zum Beispiel: „Erst die Arbeit, dann das Vergnügen." Durch New Work sollte es heißen: „Arbeit ist Vergnügen." Ich glaube nicht, dass unsere Generation von dieser neuen Arbeitswelt profitieren wird, eher unsere Kinder und nachfolgende Generationen. Ansonsten denke ich, dass die Arbeitswelt sehr viel menschlicher wird und Arbeitsstunden reduziert werden. Eine Vierzig-Stunden-Woche oder ein Nine-to-five-Job wird nicht mehr normal sein. Wir werden viel weniger arbeiten, weil uns digitale Lösungen unterstützen und Arbeit effizienter machen. Zudem wird die Akzeptanz dafür viel höher werden. Aktuell ist in vielen Köpfen verankert, viel Arbeit mit Erfolg und einem hohen Einkommen gleichzusetzen. Doch wir werden effizienter und smarter arbeiten und auch ortsunabhängiger. Aber das braucht alles Zeit, mehr als ich es mir wünschen würde.

Gibt es deiner Ansicht nach bestimmte Standards, die wir von unseren potenziellen neuen Arbeitgebenden im Rahmen von New Work erwarten dürfen?

Auf jeden Fall. Ich finde, den Fokus auf das Bedürfnis von Mitarbeitenden zu legen, ist ein großer Benefit und sollte ein Standard sein. Auch bei Bewerbungsgesprächen zum Beispiel zu fragen: „Was wünschst du dir bei der Arbeit?" Da geht es nicht nur um Benefits an sich, sondern auch darum, wie möchtest du geführt werden und wie oder was brauchst du, um dein Ziel gut zu erreichen. Genauso sollten gesundheitsfördernde Angebote, egal ob mental oder physisch, standardmäßig für alle bereitgestellt werden.
Viele fokussieren sich mehr darauf, neue Mitarbeitende zu akquirieren, als bestehende zu halten. Ein Fehler, der die Unternehmen

doppelt bis dreifach so viel kosten kann. Eine Lösung ist zum Beispiel Employee Reskilling, ein Teil von Life Long Learning. Das bedeutet, Mitarbeitende weiterzubilden, um offene Jobs intern zu besetzen. Spart Kosten und sorgt für Mitarbeitendenbindung.

Was darf oder sollte man deiner Meinung nach fordern?

Erst mal sollte man sich bewusst sein, was man im Job braucht. Wie stelle ich mir meine ideale Arbeit vor? Wenn man sich das klargemacht hat, dann kann man fordern. Fair und pünktlich bezahlt zu werden sollte Standard sein. Ich sollte zu meinem Arbeitgebenden hingehen dürfen und offen kommunizieren können, was ich brauche. Man sollte aber auch im Blick behalten, dass das Unternehmen immer noch dafür da ist, um Geld zu verdienen, damit man die Mitarbeitenden auch bezahlen kann.

Gibt es für dich die perfekten Arbeitgebenden, und wenn ja, durch was zeichnen sich diese aus?

Das perfekte Unternehmen für alle gibt es nicht, da wir alle unterschiedliche Wünsche und Anforderungen an Arbeit haben. Doch jede Person kann das perfekte Unternehmen für sich finden. Was ich beispielsweise für alle Unternehmen wichtig finde, ist der Fokus auf die Individualität: Wie kann man sich weiterbilden? Wie können wir Arbeitsprozesse effizienter gestalten? Welche Benefits brauchen Mitarbeitende, um ihr Ziel zu erreichen?

Hast du Tipps, wie man gute Arbeitgebende schon anhand einer Stellenanzeige oder im Bewerbungsgespräch erkennen kann?

Herausfinden, ob das Unternehmen zu einem passt, macht man eher in einem Bewerbungsgespräch. Da gebe ich immer gerne den Tipp mit auf den Weg, dass man sich mit der potenziellen Führungsperson trifft, das heißt nicht nur mit HR im Unternehmen. Im Idealfall sollte man auch das ganze Team oder einen Teil kennenlernen, denn mit ihm muss man sich im Endeffekt verstehen, mit ihm muss man zusammenarbeiten können. Und von der Führungsperson wird man geleitet und lernt am meisten. Hilfreich ist es auch, sich vorher mit den Mitarbeitenden des Unternehmens über LinkedIn zu connecten und zu hinterfragen, wie das Arbeiten in dem Unternehmen empfunden wird.

Zum Thema Neuanfang oder berufliche Umorientierung: Hast du Tipps, wie man emotionale und rationale Entscheidungen besser voneinander trennen kann?

Es ist wichtig, sich mit den richtigen Leuten auszutauschen. Bedeutet: Wenn mir im Job irgendwas passiert ist, was eher emotionaler Natur ist, würde ich das natürlich auch mit Freundinnen, Freunden und Bekannten besprechen. Aber wenn ich merke, ich brauche eher einen Rat von jemandem, der in der Branche tätig ist oder in einem ähnlichen Unternehmen arbeitet, frage ich diese Person aus meinem Netzwerk um Rat. Außerdem sollte man Situationen mit einem gewissen Abstand betrachten. Wenn emotional etwas passiert, dann nicht direkt reagieren, sondern sich die Zeit nehmen, darüber nachzudenken. Und danach eher rational handeln und gucken, ist es gerade mein Glaubenssatz, den ich in mir habe, oder triggert mich das, weil mir eine ähnliche Situation schon mal passiert ist? Wie kann ich das am besten lösen, und was empfindet auch die gegenübersitzende Person, also, warum kommt das von dem Gegenüber gerade?

Hast du Tipps für die Menschen, die an Kündigung denken, sich aber unsicher sind oder vielleicht auch gar nicht trauen?

Die Kündigung sollte nicht immer der erste Schritt sein. New Work hat ganz viel mit Kommunikation zu tun, man sollte sich darum fragen, ob es noch eine Möglichkeit gibt, wie der Arbeitgebende mir das Arbeitsleben besser gestalten kann, und dann sollte man das Gespräch suchen. Wenn sich anschließend nichts ändert, würde ich kündigen. Sich etwas Neues zu suchen ist manchmal das Beste, bevor man sich jahrelang nur, vielleicht auch wegen des Lebenslaufs, quält. Ein gradliniger Lebenslauf war noch nie so unwichtig wie jetzt, weil so ein hoher Fachkräftemangel herrscht und der Arbeitsmarkt ein Arbeitnehmendenmarkt geworden ist.

Möchtest du noch etwas loswerden? Ist dir ein bestimmter Punkt abseits der Fragen wichtig?

Mein Appell ist immer: Seid offen. Offen durchs Leben gehen macht das Leben nicht schwerer, sondern leichter. Und ich finde, das sollten wir in allen Dingen beherzigen, aber speziell in der Arbeitswelt. Nur weil sich KI etabliert, die Digitalisierung vieles verändert, mehr Wert auf Menschlichkeit in Unternehmen gelegt wird und sich neue Jobs formen, bedeutet das nicht, dass wir uns verschließen sollten. Sondern dass wir offen sein sollten, uns gegenseitig zu unterstützen.

Kira Marie findet ihr unter anderem hier:

Kira Marie Cremer
@kiramariecremer
NEW WORK NOW Podcast

SEID OFFEN.
OFFEN DURCHS
LEBEN GEHEN
MACHT DAS
LEBEN NICHT
SCHWERER,
SONDERN
LEICHTER.

– KIRA MARIE CREMER

EIN KLEINES, ABER FEINES „DANKE"

Ich sitze hier seit zwei Stunden und überlege mir, wie ich all den Menschen danken soll, die Teil meines Lebens sind oder waren. Ja, ich mache Dinge gerne komplizierter, als sie eigentlich sind.
Okay, ich mache es einfach: Danke! Einfach danke. Danke an die Menschen, die mich auf meinem Weg bis heute begleitet haben.
Danke an meine Ex-Work-Besties & Freundinnen Viktoria, Jessica, Lea, Lena und Karli. Dafür, dass ihr immer da seid, euch meine Podcast-Sprachnachrichten reinzwiebelt und ich mit gleichen Themen auch hundertmal hintereinander ankommen darf. Danke, dass ihr mich so nehmt, wie ich bin, mich in allem supportet und mir gezeigt habt, dass ehrliche Freundschaften wirklich existieren.
Danke an alle guten Führungskräfte, mit denen ich jemals arbeiten durfte und dafür, dass ihr euren Job so verdammt gut macht!
Danke an meine rüpelhafte Community (oh ja, ich habe das Wort eingebaut, Leute, haha!), ohne die ich das Leben, das ich führe, nicht leben könnte – und das ist keine Selbstverständlichkeit. Ihr seid so unfassbar smart, supportiv und liebevoll. Ich schätze mich unfassbar glücklich, euch zu haben, wirklich.
Danke an mein Management somefriends sowie an Community Editions für die Möglichkeit und die grandiose Unterstützung.
Und das Beste kommt zum Schluss: Danke an meinen Mann und besten Freund Justin (und Mia, fly high, kleine Maus), ohne den ich diesen Weg niemals eingeschlagen hätte und ihr somit auf meine unfassbar witzige Persönlichkeit hättet verzichten müssen. Also an dieser Stelle danke für alles!
Vergesst nicht: Immer schön bodenlos und rüpelhaft bleiben, Freunde der Sonne (ja, eins davon wird safe das Jugendwort 2024. Ich manifestiere das jetzt).

VERGESST
NICHT:
IMMER SCHÖN
BODENLOS UND
RÜPELHAFT
BLEIBEN,
FREUNDE DER
SONNE.

– EURE JOI

QUELLEN

KAPITEL 1

Karrierelevel: https://onlinemarketing.de/karriere/human-resources/unterschied-zwischen-junior-senior (abgerufen im Januar 2024)

Karrierelevel: https://www.fr.de/ratgeber/karriere/senior-karrierelevel-bin-ich-junior-oder-doch-schon-zr-91891063.html (abgerufen im Januar 2024)

Stellenanzeigen: https://www.stepstone.de/magazin/artikel/stellenanzeige-richtig-lesen (abgerufen im Januar 2024)

Definition Onboarding: https://www.personio.de/hr-lexikon/onboarding/#definition-was-ist-onboarding (abgerufen im Januar 2024)

Moonshot Goals: https://t3n.de/news/moonshots-komplett-ueberzogene-ziele-1169451/ (abgerufen im Januar 2024)

Kindergeld: https://www.arbeitsagentur.de/familie-und-kinder/infos-rund-um-kindergeld/kindergeld-ab-18-jahren (abgerufen im Januar 2024)

KAPITEL 2

Start-up: https://www.fuer-gruender.de/wissen/existenzgruendung-planen/organisation/unternehmensstruktur/ (abgerufen im Oktober 2023)

Mittelstand: https://www.ihk.de/hamburg/produktmarken/interessenvertretung/wirtschaft-politik/mittelstandspolitik/mittelstand-definitionen-1145582 (abgerufen im Oktober 2023)

Führungsstile: https://startupvalley.news/de/der-richtige-fuehrungsstil-fuer-dein-startup/ (abgerufen im Oktober 2023)

Führungskräfte, Führungsstile (Definition): https://asana.com/de/resources/leadership-styles?utm_campaign=NB--EMEA--DE--DE--PMAX&utm_source=google&utm_medium=pd_cpc_pmax&gad_source=1&gclid=CjwKCAjwkY2qBhBDEiwAoQXK5Sq8cufxZfF-qzc4b2SkR8byJmeNJ6ULZE4RvdsPUlb0PzO3vORpoWBoCdl8QAvD_BwE&gclsrc=aw.ds (abgerufen im Oktober 2023)

Führung Mittelstand: https://www.proaktiv-management.de/magazin/fuehrung/fuehrung-im-mittelstand-die-herausforderung-der-zukunft-meistern (abgerufen im November 2023)

Gesetzlicher Anspruch Feedback-Gespräche: https://www.handelszeitung.ch/management/so-fuhrt-man-das-jahresgesprach-mit-mitarbeitern-richtig (abgerufen im November 2023)

Qualitäten einer Führungskraft: https://asana.com/de/resources/qualities-of-a-leader (abgerufen im Dezember 2023)

Definition Mittelstand: https://www.wdr.de/mediathek/audio/wdr5/wdr5-politikum/audio-deutschland-einig-mittelstand--spitze-in-der-mitte-100.html40449974 (abgerufen im Januar 2024)

Definition Burn-out: https://hellobetter.de/burnout/ (abgerufen im November 2023)

Sinnhaftigkeit im Job: https://www.zeit.de/arbeit/2018-09/fehlzeiten-report-arbeit-zufriedenheit-gesundheit (abgerufen im November 2023)

Burn-out, Zeichen erkennen, Symptome ähnlich zu Depression: https://www.tk.de/techniker/gesundheit-und-medizin/behandlungen-und-medizin/psychische-erkrankungen/burnout-syndrom-2016416?tkcm=ab (abgerufen im November 2023)

Burn-out, wie fühlt es sich an: https://www.aok.de/pk/magazin/koerper-psyche/psychologie/burnout-so-merken-sie-ob-sie-betroffen-sind/(abgerufen im November 2023)

Stilles Burnout: https://www.schlosspark-klinik-dirmstein.de/der-stille-burnout/ (abgerufen im Januar 2024)

Wie fühlt sich Burn-out an? Unterschied Burn-out und Depression: https://www.deutsche-depressionshilfe.de/files/cms/downloads/fakten-blatt_depression-und-burnout.pdf (abgerufen im November 2023)

Hustle Culture / Definition Toxische Produktivität: https://asana.com/de/resources/toxic-productivity (abgerufen im Februar 2024)

Definition Hustle Culture: https://www.bedeutungonline.de/was-ist-die-hustle-culture-bedeutung-definition-erklaerung/ (abgerufen im Februar 2024)

KAPITEL 4

Toxisch: https://www.duden.de/rechtschreibung/toxisch (abgerufen im Januar 2024)

Toxisch: https://www.stepstone.at/e-recruiting/blog/toxisches-arbeits-umfeld/#h-6-schlechte-kommunikation-und-manipulatives-verhalten (abgerufen im Dezember 2023)

Gaslighting: https://www.duden.de/rechtschreibung/Gaslighting (abgerufen im Januar 2024)

Tipps beim Weinen: https://www.xing.com/news/article/die-ungeschriebene-regel-des-buerolebens-darum-solltest-du-deine-traenen-verberg (abgerufen im Dezember 2023)

Tristan Horx: Sinnmaximierung. Wie wir in Zukunft arbeiten. Quadriga 2022, S. 158 f. Female Leadership

KAPITEL 5

Unterschiede von Werten und Generationen: https://business.studysmarter.de/blog/generation-y-und-z/ (abgerufen im Dezember 2023)

Generationsunterschiede: https://www.stepstone.at/e-recruiting/blog/generation-xyz/ (abgerufen im Dezember 2023)

Generationenmerkmale: https://blog.hubspot.de/marketing/generation-x-y-z (abgerufen im Dezember 2023)

Tristan Horx: Sinnmaximierung. Wie wir in Zukunft arbeiten. Quadriga 2022, S. 44-48, Generationsmerkmale

Abbruch Lehramtsstudium: https://table.media/bildung/analyse/lehrerbildung-warum-lehramtsstudierende-abbrechen/ (abgerufen im Dezember 2023)

Abbruch Lehramtsstudium: https://www.ndr.de/kultur/Analyse-Warum-brechen-so-viele-Lehramtsstudierende-ab,lehramt112.html (abgerufen im Januar 2024)

KAPITEL 6

Overthinking: https://arbeits-abc.de/overthinking/ (abgerufen im Januar 2024)

Bye Bye, Toxic Leader
Was, wenn der Traumjob zum Albtraum wird?

MIX
Papier | Fördert gute Waldnutzung
FSC® C109273
FSC www.fsc.org

1. Auflage

Weyerstraße 88-90
50676 Köln

Klimaneutral
Druckprodukt
ClimatePartner.com/20273-2310-1024

Text: Joanne Glinka
Layout, Design und Satz: Marietheres Schoppmann - www.marietheres-viehler.de
Covergestaltung & Handlettering Kapitelüberschriften: Eleni Ioannou
Autorinnenfoto: Joanne Glinka
Grafiken und Illustrationen im Innenteil: Marietheres Schoppmann
Projektleitung & Redaktion: Mareike Neukam
Lektorat: Regina Carstensen

Gesetzt aus der Montserrat von Julieta Ulanovsky, Sol Matas, Juan Pablo del Peral und Jacques Le Bailly.

Community EDITIONS

Gesamtherstellung: Community Editions GmbH

ISBN 978-3-96096-400-1

Druck: Druk Intro, ul. Świętokrzyska 32, 88-100 Inowrocław, Polen
Printed in Poland

www.community-editions.de